FATMA BELBEL
MEHDI BOUKHEROUFA
WAIL ZERIBI

Presas de pequenos mamíferos no maciço florestal de Edough

FATMA BELBEL
MEHDI BOUKHEROUFA
WAIL ZERIBI

Presas de pequenos mamíferos no maciço florestal de Edough

Tipologia e monitorização através do estudo da dieta do geneta comum e do lobo-dourado-africano

ScienciaScripts

Cover image: www.ingimage.com

This book is a translation from the original published under ISBN 978-620-6-72788-0.

Publisher:
Sciencia Scripts
is a trademark of
Dodo Books Indian Ocean Ltd. and OmniScriptum S.R.L publishing group

120 High Road, East Finchley, London, N2 9ED, United Kingdom
Str. Armeneasca 28/1, office 1, Chisinau MD-2012, Republic of Moldova, Europe
Managing Directors: Ieva Konstantinova, Victoria Ursu
info@omniscriptum.com

Printed at: see last page
ISBN: 978-620-8-50587-5

Presas de pequenos mamíferos no maciço florestal do Edough: tipologia e monitorização através do estudo da dieta do geneta comum e do lobo-dourado-africano

Autores: Fatma BELBEL ; Mehdi BOUKHEROUFA ; Wail ZERIBI

RESUMO

No centro das teias alimentares, a diversidade e a dinâmica dos pequenos mamíferos são excelentes indicadores do estado de saúde dos ecossistemas. A nossa investigação baseia-se numa análise espacial e temporal do consumo de pequenos mamíferos por dois dos seus predadores: o geneta comum e o lobo-dourado-africano. O estudo resultante foi realizado no maciço montanhoso de Edough de dezembro de 2018 a fevereiro de 2020, onde pudemos coletar um total de 390 fezes, incluindo 210 pertencentes à geneta comum e 180 ao lobo dourado africano. Efectuámos uma identificação taxonómica dos pequenos mamíferos consumidos pelos dois predadores, depois analisámos alguns parâmetros da estrutura da população de pequenos mamíferos e a sua variação sazonal em ambientes naturais. Após o processamento das fezes, foi possível identificar 04 espécies de pequenos mamíferos, com uma sobreposição de nichos tróficos entre os dois predadores, particularmente acentuada no período de inverno. Estes resultados confirmam o estatuto dos dois predadores simpátricos como amostradores da biodiversidade de micro mamíferos em ambientes naturais.

Palavras-chave : *Micromamíferos* - item - presa - *Genetta genetta* - *Canis anthus* - Maciço
as montanhas de Edough.

ÍNDICE

INTRODUÇÃO GERAL

I. INTRODUÇÃO GERAL

É geralmente aceite que a população, o conjunto de indivíduos da mesma espécie que ocupam o mesmo ecossistema, é a unidade elementar fundamental dos sistemas ecológicos, pois os ecossistemas são constituídos por populações interligadas **(Barbaut, 1994)**. No entanto, estas não constituem, por si só, unidades funcionais que possam ser estudadas isoladamente. De um ponto de vista puramente funcional e evolutivo, a entidade mais pequena que um bom ecologista pode considerar é aquilo a que chamamos um "sistema população-ambiente" (Barbaut, Dajoz). **A figura 1** mostra uma teia alimentar simples, considerada como o núcleo estrutural típico dos sistemas ecológicos **(*In* Barbault, 1995)**. No ecossistema a que pertence, qualquer população pode interagir com o seu ambiente de cinco formas principais. Em primeiro lugar, está envolvida em interações verticais com as suas presas e predadores ou parasitas, e em interações horizontais com outras populações pertencentes ao mesmo nível trófico (relações de competição). Está igualmente sujeita, direta ou indiretamente, aos efeitos dos factores físicos e químicos do meio, embora possa beneficiar de interações positivas (mutualismo ou simbiose) com outras espécies. Por último, os processos intrínsecos podem também desempenhar um papel na sua dinâmica. Por conseguinte, é evidente que os sistemas população-ambiente e as teias alimentares são representações de conjuntos ecológicos que reflectem as principais interações que ligam todas as espécies presentes num dado momento, num determinado espaço.

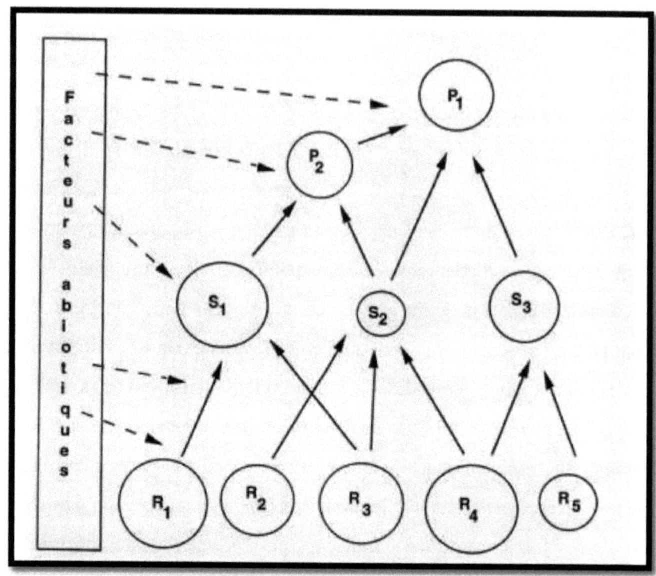

1Figura: Representação de um sistema ecológico centrado numa teia alimentar de 3 espécies, partilhando recursos de Ri e sujeitas a duas espécies predadoras (*In* Barbault, 1995).

Toda a investigação atual mostra que as espécies predadoras, e mais particularmente os mamíferos, são excelentes bio-indicadores do estado de saúde dos ecossistemas **(Wilson e Reeders, 1993)**. Os mamíferos são espécies predadoras que se encontram no topo da pirâmide alimentar. Consequentemente, a sua diversidade, abundância e presença regular garantem um elevado nível de diversidade de presas e, regra geral, a manutenção da biodiversidade nos ecossistemas **(Boukheroufa, 2018)**. No entanto, após a extinção ou quase-extinção de grandes predadores no Norte de África, como a Chita, o Leopardo e o Leão do Atlas, os níveis de competição trófica entre as restantes espécies (meso-predadores) foram alterados **(Aulagnier, 1992; Caro e Stoner, 2003; Naves *e al.*, 2003; Dalerum *e al.*, 2009)**. Esta despromoção trófica pode, a prazo, ter consequências dramáticas para o equilíbrio do ecossistema. Parece, portanto, necessário efetuar um acompanhamento regular, analisando as suas dietas, a fim de desenvolver métodos de gestão e de conservação dos sistemas mamífero-presa **(Klare *e al.*, 2010)**.

Do ponto de vista taxonómico, os mamíferos são uma classe muito diversificada, que inclui não só quadrúpedes terrestres (a grande maioria dos mamíferos), mas também animais alados (quirópteros ou morcegos), animais aquáticos (pinípedes [leões-marinhos, focas...], sirénios [manatins...] e até cetáceos [cachalotes, orcas...]) **(*In* Boukheroufa, 2018)**. Existem mais de 5.500 espécies vivas, divididas em 1.200 géneros, 150 famílias e cerca de trinta ordens. Alguns especialistas acreditam que 7.000 espécies ainda são desconhecidas, algumas das quais estão ameaçadas de extinção **(Ceballos e Ehrlich, 2009)**. O tamanho das espécies varia consideravelmente consoante o grupo: os maiores mamíferos são marinhos e pertencem à família das baleias (a baleia azul, Balaenoptera musculus). Entre os mamíferos terrestres, os ungulados são os maiores: o elefante atinge 3 a 4 m de altura na cernelha; a girafa eleva a sua cabeça a mais de 5 m. O extremo oposto encontra-se nos Micromamíferos, que incluem os roedores, os quirópteros e, sobretudo, os insectívoros terrestres; alguns musaranhos (como o *Crocidura etrusca*) têm apenas 3 a 4 cm de comprimento e pesam poucos gramas **(Kingdon, 2010; Aulagnier al., 2008, 2010)**. Os mamíferos apresentam, portanto, uma grande diversidade de espécies, de comportamentos (diurnos ou noturnos, aquáticos, terrestres ou aéreos) e de morfologia (de alguns centímetros a vários metros e de algumas gramas a várias toneladas). Além disso, algumas espécies são muito raras ou muito abundantes, enquanto outras são endémicas de uma região específica do globo ou habitam todos os continentes. Esta grande diversidade é muitas vezes agravada pela própria variabilidade do ambiente em que as espécies vivem, pois embora os mamíferos apresentem uma riqueza de comportamentos complexos, estes também variam consoante a estação do ano, a hora do dia e as condições ambientais. Todas estas caraterísticas tornam o estudo dos mamíferos muito complexo e explicam as dificuldades encontradas no estudo da biologia individual e populacional. Estas dificuldades são ainda maiores quando se trata de estudar os pequenos mamíferos, cuja monitorização é um elemento fundamental da ecologia das populações, uma vez que fornecem informações sobre os recursos disponíveis num ambiente, graças ao seu posicionamento estratégico no centro das teias alimentares **(Krebs et al, 2014)**. Os micromamíferos são excelentes indicadores ambientais porque desempenham um papel muito importante na regulação das populações animais (**Winemiller e Polis, 1996**). De acordo com **Oppliger (2008)** e **Vincent (2000),** os pequenos mamíferos são um grupo de espécies essenciais para a manutenção dos ecossistemas terrestres devido à sua predominância na dieta de um grande número de predadores e ao seu elevado consumo de produção vegetal. Os pequenos mamíferos não constituem um grupo de espécies estritamente definido. A designação de "pequenos mamíferos" para estas espécies, que pertencem a diferentes grupos taxonómicos e filogenéticos, baseia-se unicamente no seu tamanho. São considerados "pequenos mamíferos" todos os mamíferos terrestres com um tamanho inferior ou igual ao de um rato-almiscarado, ou seja, um máximo de 40 cm sem a cauda **(Rigaux & Dupasquier, 2012; Wilson e Reeder em 2005)**. Já foram registadas 3845 espécies de pequenos mamíferos, ou seja, quase 70% dos mamíferos existentes no mundo. 40% destes são roedores, o que faz deles a maior ordem taxonómica, seguidos dos insectívoros terrestres. Um estudo recente na Argélia encontrou 64 espécies de pequenos mamíferos, incluindo 30 espécies de roedores, 26 espécies de quirópteros e 8 espécies de insectívoros terrestres **(Ahmim, 2019).** Os roedores incluem ratos do campo, ratazanas, camundongos e ratazanas; os insectívoros terrestres incluem musaranhos e ouriços; e os quirópteros, vulgarmente conhecidos como morcegos. Os pequenos mamíferos são animais que podem ser encontrados em quase todos os ambientes terrestres (exceto nos dois pólos), pois têm uma ecologia variada, tanto em termos de dieta como de modo de vida **(Mistrot, 2000)**. A maior parte deles está ativa sobretudo ao crepúsculo e à noite, o que torna difícil a sua observação. Esta dificuldade é agravada pelo facto de a maior parte deles serem também escavadores, cavando galerias para construir os seus ninhos **(Mistrot, 2000)**. Estes pequenos mamíferos são animais prolíficos, embora isso varie de uma espécie para outra, e a sua reprodução atinge o seu auge entre o início da primavera e o início do outono, quando as condições climatéricas são mais favoráveis e os recursos abundantes **(Salder, 2012)**

A diversidade dos micromamíferos foi estudada segundo dois tipos de métodos **(Spitz, 1963).** Para além dos métodos diretos de armadilhagem, como mostra a **figura 2**, muitos estudos de monitorização têm-se baseado em métodos indirectos, utilizando a identificação de presas presentes na dieta dos predadores. Estas presas micro-mamíferas podem ser encontradas nos excrementos das aves de rapina ou nos excrementos dos mamíferos carnívoros **(Tanguy & Gourdain, 2011).** No caso dos carnívoros, em particular, foram propostos vários métodos para estudar o fenómeno da predação e caraterizar a diversidade das presas, incluindo os pequenos mamíferos **(Fedriani e Travaini; 2000).** Os métodos indirectos ou coprométricos consistem na recolha de fezes, que tem a vantagem de não modificar a estrutura da população de predadores, ao contrário da recolha de tubos digestivos, por exemplo, que implica a recolha de amostras prejudiciais para a fauna **(Day, 1966; Corbet, 1989; Mills, 1991; Damange, 1999).** Permite uma boa identificação dos pequenos mamíferos consumidos, graças a um protocolo simples, a boas chaves de caraterização taxonómica e a um material de laboratório adequado **(Quéré, 1993).**

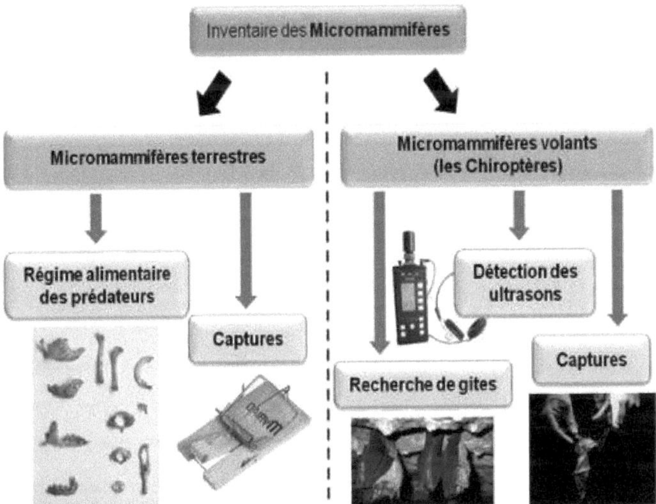

2Figura: Resumo dos diferentes métodos de estudo dos pequenos mamíferos terrestres e voadores (Boukheroufa, 2018).

A monitorização das espécies de pequenos mamíferos através da análise da dieta dos seus predadores é atualmente descrita por muitos especialistas como uma técnica não destrutiva de conservação das populações, capaz de fornecer informações sobre a diversidade e a abundância destes pequenos organismos, os seus habitats favoráveis ou desfavoráveis e as suas relações diretas com os seus predadores **(Davison et al., 2002; Tamnling et al., 2012; Torres et al., 2013; Drouilly et al.,**

2018). O conhecimento da dieta destes predadores é, portanto, essencial, pois permite compreender as preferências tróficas das presas, as suas causas e os períodos favoráveis ao consumo de pequenos mamíferos.

Neste estudo, analisámos a diversidade de micromamíferos na dieta de dois mesopredadores: a geneta comum *Genetta genetta* e o lobo dourado africano *Canis anthus*. A geneta comum (*Genetta genetta*) é uma das espécies cuja dieta tem sido mais amplamente estudada em toda a sua área de distribuição **(Lodé *et al.*, 1991; Palomares e Delibes, 1991; Gomes e Giraudoux, 1992; Carvalho e Gomes, 2004; Roberts et al, 2007; Palazon et al, 2008; Souret e Riols, 2018).** O género *Genetta* é endémico do continente africano, com exceção da *Genetta genetta*, que se encontra no Magrebe, na Península Arábica e no sudoeste da Europa, tendo a Genetta sido provavelmente introduzida nesta última região durante o período histórico **(Lever, 1985; Morales, 1994; Amigues, 1999).** Este meso-predador é conhecido sobretudo pela sua grande seletividade em relação aos pequenos mamíferos, o que o torna um modelo preferido e uma ferramenta importante para a monitorização da biodiversidade de micro-mamíferos **(Boukheroufa *et al.*, 2020).** Na Argélia, muitos autores descreveram a composição e a dinâmica da dieta do geneta-comum e confirmaram a sua seletividade para presas de pequenos mamíferos, mesmo que o predador complemente a sua dieta com outros itens de presa **(Desmet et al, 1988; Delibes *et al.*, 1989; Hamdine *et al.*, 1993; Boukheroufa, 2005; Mansour *et al.*, 2005, 2014; Boukheroufa *et al.*, 2009; Bensidhoum, 2010; Ahmim, 2019, Boukheroufa *et al.*, 2020; Belbel *et al.*, 2022a, 2022b).** No entanto, a natureza selectiva, tímida e acanhada do geneta comum torna-o vulnerável a ambientes degradados, o que poderia comprometer a monitorização das populações de micro-mamíferos. Isto levou-nos a escolher um segundo modelo biológico com maior plasticidade ecológica, adaptando-se perfeitamente à antropização dos ambientes naturais através do seu comportamento trófico altamente oportunista. Trata-se do lobo-dourado-africano *Canis anthus,* anteriormente conhecido como chacal-dourado (*Canis aureus*), que é atualmente uma das espécies predadoras de topo em toda a sua área de distribuição (**Edinne, 2017**). Na sequência de estudos eco-etológicos, combinados com análises genéticas efectuadas entre 2012 e 2015, num grande número de canídeos do Velho , verificou-se que os canídeos africanos estão mais estreitamente relacionados com o lobo cinzento (*Canis lupus*) e o coiote (*Canis latrans*) do que com o chacal dourado euro-asiático *(Canis aureus*). É por isso que a espécie *Canis aureus* chacal) viu a sua classificação taxonómica evoluir para *Canis anthus* (o lobo-dourado-africano) (Rueness, E. K et al., 2011; Gaubert, P et al., 2012; Stoyanov.S 2020; Krofel et al., 2021).

Na Argéliao lobo-dourado-africano continua a ser muito pouco estudado, e os poucos estudos existentes dizem respeito, em particular, à dieta deste predador, e foram realizados principalmente Parque Nacional de Djurdjura em Kabylie **(Amroun *et al.*, 2006, 2014)** e no maciço montanhoso de Edough **(Boukheroufa *et al.*, 2020; Belbel et al., 2022a, 2022b)**. Estes trabalhos pioneiros o oportunismo trófico da espécie, que dispõe de um amplo espetro alimentar e que, em função das condições tróficas dos meios em que evolui, adoptará uma sobreposição mais ou menos parcial nicho trófico que partilha com outros predadores, como geneta comum *Genetta genetta.*

À luz de todos os argumentos apresentados, o nosso problema foi construído em torno da análise da biodiversidade de micromamíferos através da dieta do geneta comum e do lobo-dourado-africano, em diferentes localidades do maciço montanhoso de Edough. Esta península, situada no extremo nordeste da Argélia, é considerada um hotspot regional de biodiversidade conhecido como "Kabylie - Numidie - Kroumirie" **(Véla & Benhouhou 2007)**, contendo muitas áreas importantes para as plantas **(Radford & al. 2011)**, com uma riqueza de taxa endémicos e subendémicos com distribuição fragmentada, raros na Argélia e frequentemente muito localizados **(Yahi & al. 2012; Hamel & al. 2013, 2022a, 2022b)**. A península do Edough é, portanto, um local excecional onde a análise das cadeias tróficas pode fornecer dados fundamentais sobre o estado de equilíbrio do ambiente, mas também sobre as acções concretas a tomar para a conservação deste hotspot de importância local, nacional e mundial.

O principal objetivo deste estudo é analisar a diversidade e a dinâmica das presas de micromamíferos situadas no centro das teias alimentares de predadores simpátricos, que devem adotar estratégias para minimizar o grau de sobreposição entre nichos tróficos em ambientes naturais. Para atingir este objetivo, colocámos a nós próprios as seguintes questões:

Que pequenos mamíferos comeram os dois predadores? Para responder a esta questão, analisámos as dietas dos dois predadores e identificámos os pequenos mamíferos utilizando chaves dicotómicas baseadas na observação dos ossos e nos cortes transversais dos pêlos encontrados nas fezes.

Dos dois predadores, qual é o melhor amostrador da biodiversidade de pequenos mamíferos? Para responder a esta questão, efectuámos uma análise comparativa da proporção de pequenos mamíferos na dieta global dos dois predadores.

EQUIPAMENTO
E
MÉTODOS

II. MATERIAIS E MÉTODOS

O nosso estudo foi efectuado no maciço montanhoso do Edough, uma das zonas mais diversificadas da Argélia, uma vez que é considerado um local importante de biodiversidade vegetal na ecozona paleo-árctica, com um grande número de espécies raras de grande interesse biogeográfico e uma grande diversidade de fauna **(Comes, 2004).** Assim, baseámo-nos num vasto conjunto de investigações para descrever sucintamente as principais caraterísticas da zona de estudo.

2.1 Descrição geral da zona de estudo

2.1.1 Localização geográfica

O Edough é um pequeno maciço costeiro situado no nordeste da Argélia, a oeste da cidade de Annaba. Estende-se entre o Cabo de Garde, a leste, que fecha a baía de Annaba, e o Cabo de Fer, a oeste do maciço, que marca o limite do golfo de Skikda. O maciço de Edough é delimitado a sudeste pela planície húmida de Guerbès Senhadja, um importante sítio Ramsar em 2001 (**Toubal *et al*, 2014)**, e pela planície de Annaba, a sul pelo lago Fetzara, a oeste pela planície de Kherraza, a norte pelo mar Mediterrâneo e a noroeste pela cordilheira de Chetaibi. A linha de cumeada estende-se ao longo de 26 km, atingindo 1 008 m em Kef Sebaâ, o ponto mais alto da região, antes de descer para 867 m em direção à aldeia de Seraidi e depois para a ponta da península de Cap de Garde, a norte de Annaba **(Hani et al, 1997) (Figura 3).**

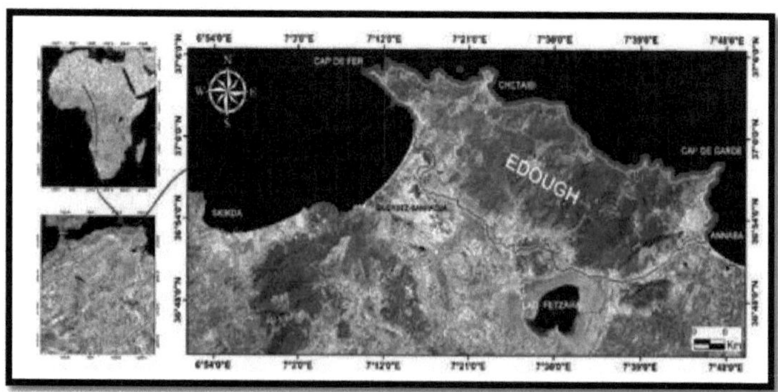

3Figura: Localização da área de estudo (presente estudo).

2.1.2 Caraterísticas físicas

-Geologia

A península do Edough é um conjunto de colinas de 0 m a 1008 m de altitude, caracterizadas por declives acentuados. O Edough forma uma cúpula cristalina. O coração da cúpula é constituído essencialmente por gnaisses em associação complexa com rochas ultrabásicas (**Bossière et al, 1978; Caby et al, 2001; Hadj Zobir et al, 2007)** encimados por micasquistos graníticos, cianíticos e estaurotitos associados a mármores encimados por estaurotitos, andaluzites e leitos quartzíticos com lentes de leucograu gnáissico. A alternância de micasquistos e quartzitos, também designada por "série de alternância", foi datada no Paleozoico Inferior por acritarcas **(Ilavsky e Snopkova, 1987; segundo Hani et al, 1997).** A parte central do maciço é essencialmente constituída por gnaisses e migmatitos intercalados com mármores e anfibolitos. **(Figura 4).** A mineralização de magnetite de origem meta-sedimentar é a nova era na formação de novos depósitos **(Henni e Aissa, 2007**).

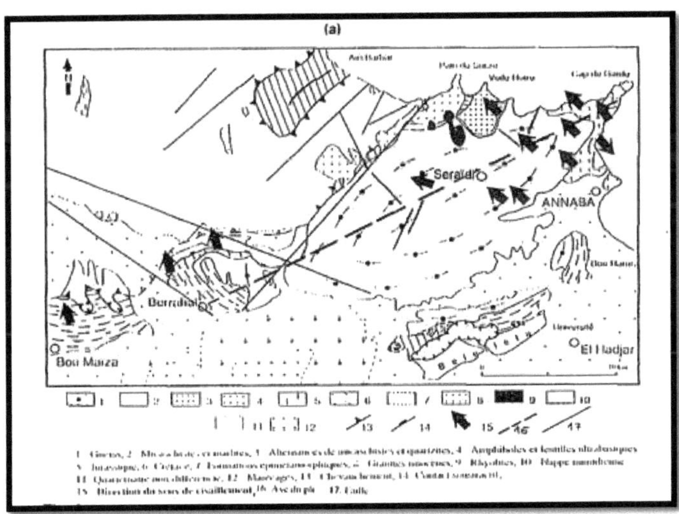

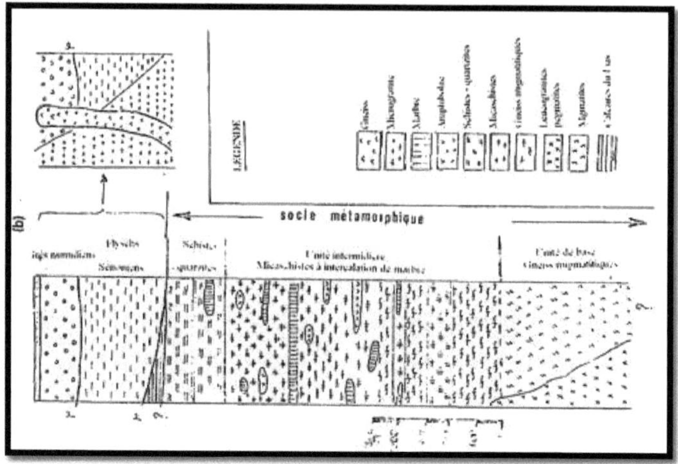

4Figura: (a) e (b) representam o mapa geológico das principais caraterísticas estruturais e da coluna litológica do maciço de Edough *em* (Hani et al, 1995).

-Pedologia

O maciço cristalino do Edough é constituído por formações eruptivas, metamórficas e sedimentares **(Toubal e Boumaza, 1989).** Estes solos ácidos, derivados das rochas marinhas siliciosas, permitem o estabelecimento de vários grupos de plantas acidófilas.

O solo é o resultado de um conjunto de factores naturais e antropogénicos (pedogénese, ocupação do solo), e a sua importância potencial decorre do seu contacto com a água (sistemas hídricos e pluviosidade) e com o ar (arejamento e meteorização), permitindo o desenvolvimento de diferentes grupos vegetais em função das suas caraterísticas físico-químicas. Alguns deles, no lado sudeste do Edough, nas florestas, desenvolvem-se em solos castanhos ou lixiviados, por vezes com tendência podzólica **(Toubal e Boumaza 1989; Toubal, 2013).** De acordo com **(Oularbi e Zeghiche, 2009).** O solo é muito suscetível à erosão, uma vez que a pedogénese raramente ocorre, embora a morfogénese seja muito ativa e resulte de uma combinação de declives íngremes e chuvas violentas. Os solos são pouco estruturados, mas têm uma boa cobertura vegetal e favorecem a morfogénese.

-Hidrologia

A península do Edough é constituída por quatro bacias hidrográficas, mais ou menos delimitadas pelas linhas de cumeada principais. A rede hidrográfica é muito densa e a drenagem é dendrítica. Os declives acentuados e a natureza da rocha impedem o escoamento difuso e favorecem o escoamento rápido. A precipitação é abundante, ultrapassando frequentemente um metro **(Hadj Zobir, 2012).** Estas caraterísticas influenciam a suscetibilidade da região à erosão. **(Oularbi e Zeghiche, 2009) (Figura 5).**

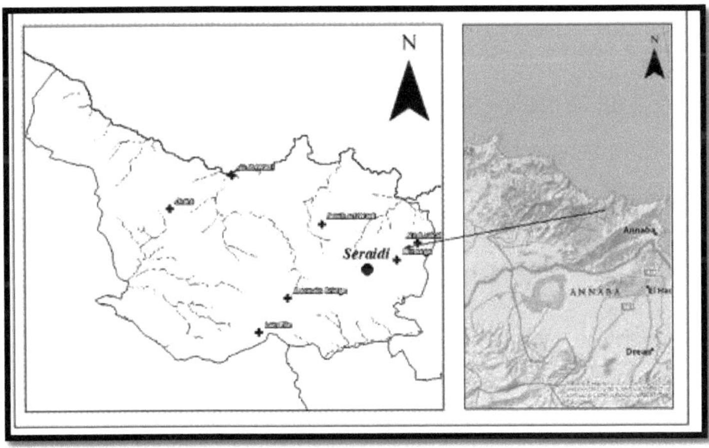

5Figura: Rede hidrográfica com drenagem dendrítica na península de Edough (Oularbi e Zeghiche, 2009).

-Clima

A região estudada tem um clima mediterrânico, com duas estações distintas, uma fresca, húmida e chuvosa e outra quente e seca **(DGF, 2002).** Devido à sua elevada altitude, a região recebe chuvas abundantes. A queda de neve é também frequente, acompanhando a chuva, o nevoeiro e o granizo, e cobrindo os picos acima dos 700m. A cobertura de neve pode atingir 20 cm **(Hani et al., 1997)**.

-Precipitação e temperaturas

A precipitação varia de acordo com um gradiente altitudinal, desde o nível do mar até 1008 m, o ponto mais alto da região. A precipitação é muito abundante, ultrapassando frequentemente 1 metro por ano.

As variações de temperatura obedecem a um certo número de critérios, em função da estação do ano, da latitude, da altitude e das condições atmosféricas. Na península de Edough, as temperaturas médias mensais mais elevadas são registadas de maio a outubro, enquanto a estação seca se prolonga atualmente de junho a setembro e as temperaturas mais baixas são registadas de novembro a princípios de março.

Cobertura do solo

Graças à acidez e à humidade, os solos favorecem a formação de um mosaico de sobreiro (*Quercus suber*) **(foto 1),** e de carvalho zen (*Quercus faginea*), uma sub-regra muito importante. O Edough é também caracterizado pelo castanheiro (*Castanea sativa*) e pelo pinheiro *bravo* (Pinus *pinaster*), embora seja mais resistente ao calcário.

1foto : Coberto vegetal do maciço de Edough (© Belbel).

Estas formações afins aos solos calcífugos permitem também o estabelecimento da sua flora, pelo que podemos reconhecer as Ericaceae (como o medronheiro *Arbutus unedo*, a urze arbórea (*Erica arborea*), as Limaceas como (*Lavendula stochas*), Cistaceae, como (*cistus monspeliensis, calicotome villosa),* Ascteraceae, como (*galactite tomentosa*), Caprifoliaceae, como (*Knauta arvansis*), Leguminosae, como (*cystus villosus*), Rosaceae, como (*Rubus fruticosus.l*), Oxalidae como (*oxalis pes-caprae*), Linaceae como (*Linum usitatissimum.L*) **(Foto 2).**

2foto : algumas espécies vegetais de alguns dos sítios amostrados (© Belbel)

A vegetação distribui-se em função das condições ecológicas locais: altitude, topografia, substrato, bioclima e níveis. A altitude do maciço do Edough é caracterizada por vários estratos de vegetação dispostos em 3 níveis florísticos altitudinais:

- A zona termo-mediterrânica de 0 a 500 m exemplo
- O meso nível mediterrânico de 500 a 800 m,
- A etapa supra-mediterrânica acima dos 800 m.

A demarcação entre os estratos não é uma lei rígida, e acontece por vezes que várias formações se encontram em condições favoráveis que permitem a coabitação.

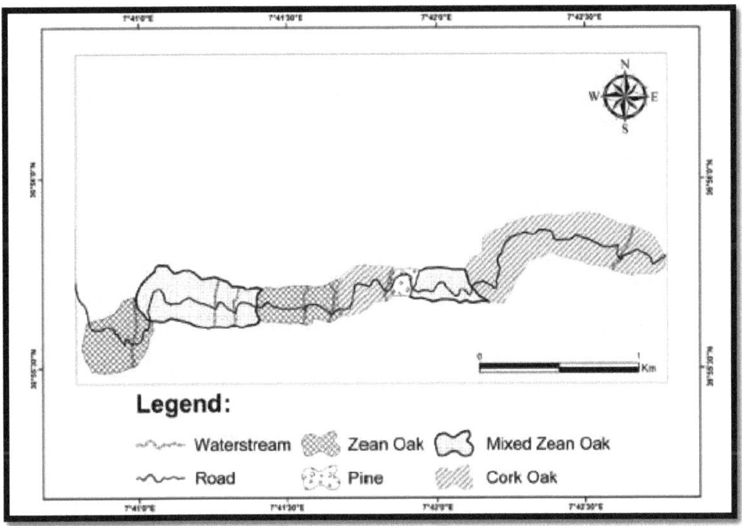

6Figura: diferentes sucessões de vegetação no sítio de Ain Boukal (*em* Laref et al., 2022)

-Fauna rica

A cadeia montanhosa do Edough alberga uma variedade de animais particularmente interessante. A presença do urso do Atlas (***Ursus crowtheri***) foi registada no Edough pelos espanhóis que ocuparam a cidadela de Annaba em 1535 **(Wilson e Reeder, 2005)**. Em 1847, Guyon admitiu a existência do urso com base no testemunho do pintor Vernet, que tinha visto em Bône (Annaba) uma pele de urso de um animal morto nas montanhas vizinhas (**Ahmim, 2019)**. O último leão do Atlas ou leão da Barbária (***Panthera leo leo***) na Argélia foi morto no maciço de Edough em 1890 **(DGRF, 2006)**, onde se pensa ter desaparecido aquando da destruição das florestas a norte de Sétif em 1958 **(Simon et al, 2013) (Djazairess, 2023**). Existem ainda alguns exemplares em cativeiro em alguns jardins zoológicos da Europa e de Marrocos. As panteras também viveram em florestas antes de se extinguirem (**Ahmim, 2019**). A pantera negra viveu também na Argélia e no Norte de África, tendo sido avistada nas florestas do Hoggar e do Norte em 2007 **(Henschel et al, 2008).** Alguns relatos revelaram a sua presença nas florestas de Kabyles (Bejaia) em 2021 e outro investigador foi surpreendido pela sua presença em El Kala em 2022. A chita ainda existe, mas a espécie está em perigo crítico de extinção. Restam apenas cerca de 200 indivíduos, espalhados pela Argélia, Mali e Níger **(ONPCA, 2020).**

O maciço do Edough é o único local do mundo onde se pode encontrar o tritão cinzento de Poiret (*Pleurodeles poireti*), ameaçado de extinção **(in Toubal 2014),** bem como o único género de colêmbolos desdentados, a **salamandra** argelina (*Salamandra algira*). A fauna comum atual do Edough é constituída por: lobo-dourado-africano (*Canis anthus*) **(Belbel et al., 2022b)**, geneta-comum (*Genetta genetta*) **(Boukheorufa et al., 2020; Belbel et al, 2022a)**, a raposa vermelha (*Vulpes vulpes*), o gato selvagem (*Felis silvestris*), o javali (*Sus scrofa*) **(Benotmane et al., 2024)**, o mangusto (*Herpestes ichneumon*), o ouriço argelino *Atelerix algiru* ***(Sakraoui et al., 2014)*** **e** o porco-espinho (*Hystrix cristata*). [1]As aves florestais do Edough incluem o melro, o pica-pau-malhado, o chapim-azul, o chapim-real e o chapim-preto, o gaio-do-carvalho e o pombo-torcaz **(DGF , 2006).**

2.2. Apresentação dos modelos biológicos

A diversidade das populações de pequenos mamíferos foi estudada através da análise da dieta de dois predadores distintos. Estes foram o geneta comum *Genetta genetta* e o lobo dourado africano *Canis anthus.*

2.2.1. O geneta comum

2.2.1.1. Sistemática

Chamado "Karnit" ou "Zirda" pelos habitantes da cidade de Séraidi, o seu nome científico é "*Genetta genetta"* e o seu nome comum é "a geneta comum" **(foto 2).** A família Viverridae reveste-se de particular interesse, pois permite-nos conhecer as origens dos carnívoros. A geneta *Genetta genetta* **(Linnaeus, 1758)** ocupa a seguinte posição no filo dos vertebrados:

Ordem : Carnivora

Subordem: Feliformia

Família: viverridae

Subfamília: viverrinae

Género: *Genetta*

Espécie : *Genetta genetta* **(Linné ,1758)**

Geneta comum Genetta genetta (Linnaeus, 1758)

3foto : Geneta comum (El Kala - Argélia em abril de 2005) (© Raouf Boulahbal).

De acordo com **(Schlawe,1980,1981),** em **(Livet et Roeder ,1987)** o género ***Genetta*** compreende 10 espécies. Todas são africanas, apenas ***a Genetta genetta*** se encontra na Europa. Este taxon compreende cinco subespécies:

- *Genetta genetta* **(LINNE ,1758)** : Península Ibérica

- *Genetta genetta afra* **(Cuvier ,1825)** : Norte de África (Marrocos, Argélia, Tunísia, Líbia, Egito, Mauritânia)

- *Genetta genetta balearica* **(Thomas ,1902)** : Isla de Mallorca e cabrera

- *Genetta genetta isabelae* **(Delibes, 1979)** : Ilha de Ibiza

- *Genetta genetta rhodonica* **(MATSCHIE, 1902)** : Pirinéus, França.

2.2.1.2. Distribuição geográfica

Segundo **Livret e Roeder (1987),** a família dos viverrídeos é originária da Etiópia, o que explica a sua distribuição em África e no sul da Europa. O geneta comum ocupa uma variedade de habitats na sua área de distribuição nativa, desde as savanas da África subsariana até às florestas do Magrebe e às regiões costeiras áridas do sul da Península Arábica **(Gaubert, 2009)**

- Na Europa

O geneta-comum estabeleceu-se nas zonas florestais da Península Ibérica (Portugal e Espanha, incluindo as Ilhas Baleares) e da França (exceto a Córsega) **(Gaubert, 2007).** Alguns indivíduos, provavelmente fugitivos, foram observados na Alemanha, Bélgica e Suíça. A maioria das populações francesas de genetas está confinada ao sul do Loire e a oeste do Ródano **(Croquet, 2005). (Figura 7).**

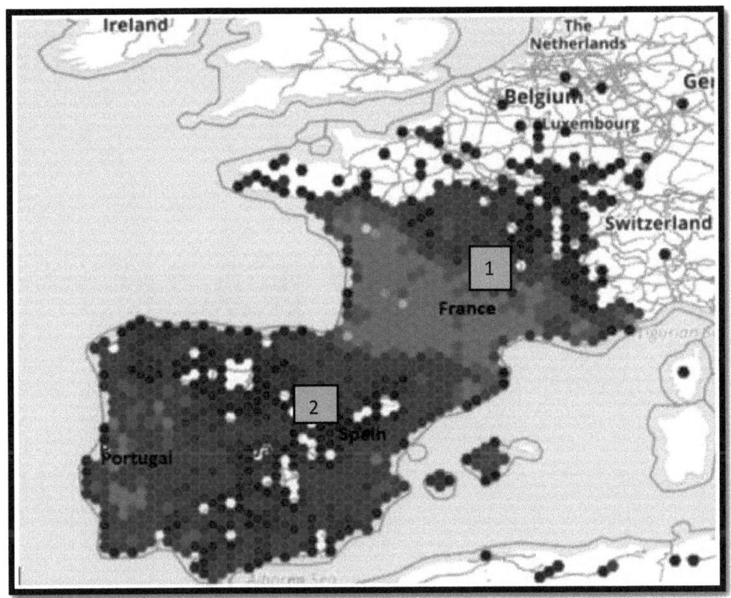

7Figura: distribuição geográfica da geneta comum (Cuvier 1825) na Europa de 1824 a 2022 (Belbel, trabalho atual) https://www.gbif.org ; *(1) Genetta genetta genetta, (2)Genetta genetta rhodanica.*

- Em África

O Genet é uma espécie de origem africana. Está presente em todo o continente, com exceção do deserto e das florestas tropicais. É mais comum no Norte de África e nas regiões subsarianas **(Mallil, 2012). (Figura 8)**

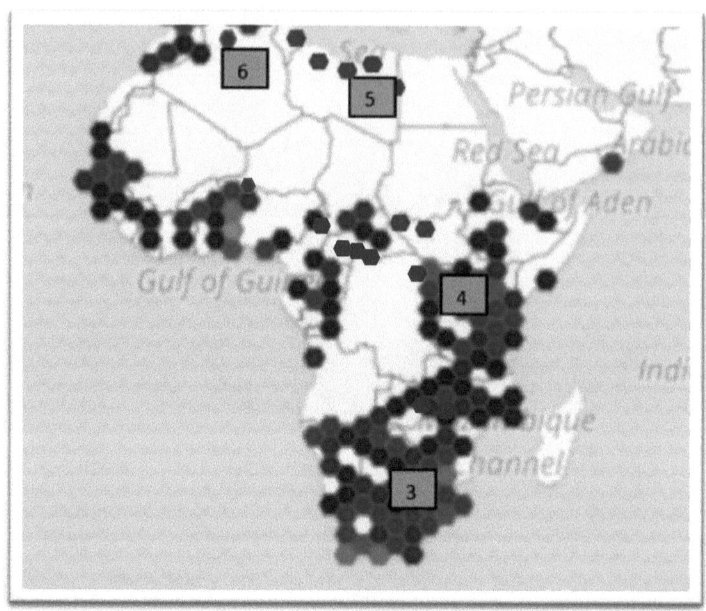

8Figura: distribuição geográfica da geneta comum (Cuvier 1825) em África de 1824 a 2022 (BELBEL.F) https://www.gbif.org ***(3) Genetta genetta pulchra (4) Genetta genetta felina (5) Genetta genetta balearica (6) Genetta genetta afra.***

- Na Argélia

A sua ausência foi registada em zonas de estepe e no atlas do Sara por **Hamdine** ***et al,*** **1993**, mas também é encontrada em zonas florestais **(Hamdine, 1991; Amroun, 2006; Bensidhoum, 2010; Mallil, 2012, Boukheroufa et al, 2020, Belbel et al, 2022).** Muito difundida no Norte, foi registada em todos os parques nacionais de Tlemcen a El Kala, incluindo o parque nacional de Belezma. Os primeiros registos mencionam-na no Atlas do Sara e (**Tristan 1960 in Kowalski e Rzebik-Kowalski, 1991**) observou uma geneta entre Laghouat e Djelfa na lista de espécies animais capturadas para estudos parasitológicos em 1908 **(In Ben sidhoum, 2010 e in Mallil, 2012).** Muitos autores contribuíram para a distribuição histórica das espécies de genetas (**Corbet, 1966; Harrison, 1968; Pringle, 1977; Schlawe, 1981; Gasperetti, et al., 1985; Croquet, 2005; Gaubert, 2007; Mallil, 2012)**

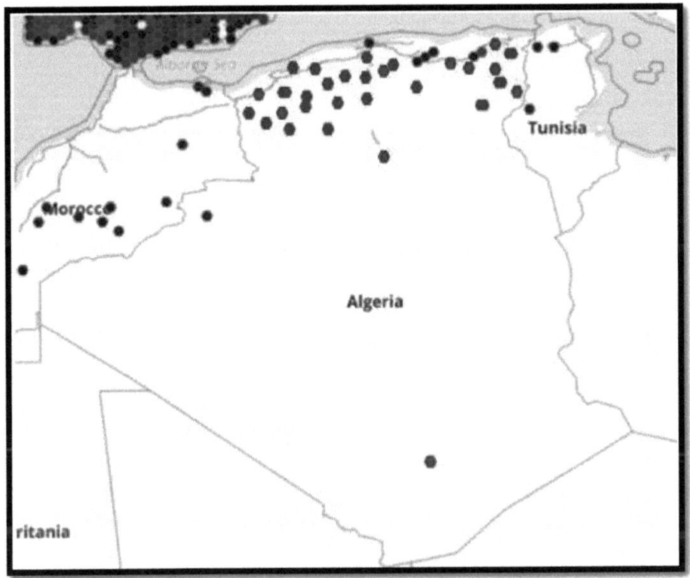

9Figura: distribuição geográfica do geneta comum (Cuvier 1825) na Argélia de 1824 a 2022 (Belbel, 2023) https://www.gbif.org/species.

2.2.1.3. Habitat

De um modo geral, nenhum estudo propôs um habitat típico para o Genet. No entanto, todos os estudos efectuados nos dois lados da bacia mediterrânica mostram que este pequeno carnívoro é muito flexível na escolha do seu habitat, em função das caraterísticas ecológicas do meio; Por exemplo, o conceito de "zonas rochosas" é recorrente na literatura, a proximidade de charcos, e o de "formações vegetais altas e densas", com uma elevada disponibilidade de presas potenciais, um abrigo seguro e um baixo nível de atividade humana **(Lozé, 1984; Livet e Roeder, 1987; Maizeret et al, 1990; Hamdine, 1991; Ariagno, 1985; Virgos e Casanova, 1997; Amroun, 2006).** No entanto, alguns estudos referem que a geneta pode ocupar áreas pouco vegetadas, com zonas secas **(Delibes, 1974 in livet et Roeder, 1987; Amroun, 2005)** e mesmo estepes áridas arborizadas e estepes do Sara são habitats de geneta em

Marrocos e na reserva de El Mergueb na Argélia **(Cuzin, 2002, Bensidhoum, 2010) (foto 6 e 7).**

4foto : Diferentes habitats selecionados pelo geneta comum em Edough

©(Belbel, obra atual)

2.2.1.4. Morfologia da geneta comum Genetta genetta

- ***Caraterísticas morfológicas***

A geneta é um pequeno carnívoro cuja morfologia facilita a sua identificação. A sua pelagem e o seu aspeto são semelhantes aos do gato (**Aulagnier e Thevenot, 1986**), mas o corpo é mais esguio, o focinho mais pontiagudo, as patas mais curtas e o pescoço e a cauda mais compridos. A sua pelagem, muito contrastante, é cinzenta-acastanhada, mosqueada de castanho-preto nos flancos em quatro a cinco linhas longitudinais, com uma risca preta na parte superior do dorso. A cauda é quase tão comprida como o corpo e tem anéis claros e escuros. A geneta tem orelhas grandes que se destacam bem da pelagem e o seu focinho alongado termina num tufo castanho-escuro. O seu comprimento total é de cerca de 90 cm, com uma cauda de cerca de 40 cm. Os adultos pesam entre 1,5 e 2 kg (Léger, Ruette, 2010).

- *Voz :*

Grito de contacto "Uff, Uff, Uff", rosnado de excitação, bufo de ameaça e som de cuspo, ronronar de contentamento durante a cópula ou quando descansa confortavelmente.

- ***Medidas do corpo :***

T +C= 40-55, Q = 40-51, HGT = 15-20, P = 3 kg. (Ahmim, 2019) De acordo com as nossas observações nocturnas, as genetas de El Kala são maiores do que as de Edough (Seraidi).

- ***Os dentes da gineta***

O exame da dentição mostra que esta família não é muito avançada na ordem dos carnívoros. Existem 40 dentes distribuídos de acordo com a seguinte fórmula: I: 3/3; C: 1/1; PM: 4/4; M: 2/2 (Mallil, 2012).

2.2.1.5. Vestígios e sinais de presença

A geneta tem cinco dedos em cada pata e garras semi-retrácteis que não são visíveis e não marcam as pegadas. As dimensões das suas pegadas são de acordo com **Boukheorufa, (2018) e Ahmim, (2019)** de : 25 - 42mm de comprimento e 30 - 63mm de largura para a Pate anterior (PA), enquanto 30 mm - 65mm de comprimento e 23 - 30mm de largura para a Pate posterior (PP). Os quatro dígitos superiores estão regularmente espalhados acima da sola plantar; o quinto dígito, mais pequeno, é claramente excêntrico. Muitas vezes, o quinto dedo não marca e o rasto do geneta assemelha-se então ao de um gato **(Chazel, 2008; Boukheroufa, 2018; Livet et Roeder, 1987; Croquet, 2005).** A confusão entre os excrementos dos lobos e os das raposas, por exemplo, não é frequente, uma vez que os excrementos das raposas são mais pequenos, raramente contêm fragmentos de ossos, são compostos essencialmente por restos de pequenos mamíferos e resíduos de frutos e contêm frequentemente fragmentos de insectos **(Bang, P., & Dahlström, P. 2001 ; Mech, L.D., & Boitani, L. ;2003 ; Elbroch, M. 2003).**

5Foto: excrementos de geneta, crottier (© Boukheroufa)

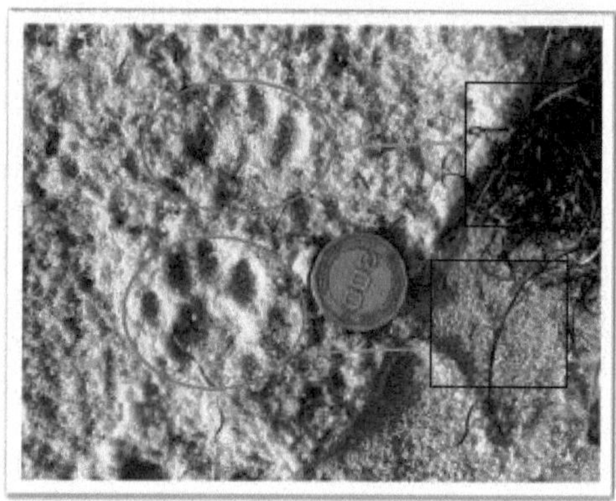

6© foto : Geneta comum *Genetta genetta* footprint (Belbel).

2.2.1.6. Dimorfismo sexual

As glândulas perineais situam-se entre o ânus e a vulva ou o pénis, são extremas e atravessadas a meio pelo orifício urogenital; estas glândulas são do tipo sebáceo **(Livet e Roeder, 1987).** As glândulas anais são internas e abdominais, situadas de cada lado do reto. Abrem-se para o exterior através de um curto canal no bojo anal. São constituídas principalmente por glândulas sudoríparas e apócrinas e por alguns ilhéus sebáceos. É provável que estas glândulas cubram as fezes do animal com as suas secreções **(Souloumiac e Canivenc, 1976; Livet e Roeder, 1987).** As glândulas plantares estão localizadas nas solas dos tarsos e metatarsos.

2.2.1.7. Reprodução

De acordo com **Livet e Roeder (1987),** a geneta macho não tem um ciclo sexual sazonal típico; os testículos mantêm uma linhagem completa durante todo o ano. O cio da geneta ocorre em janeiro-fevereiro e um cio secundário em maio-junho. No entanto, estes períodos não são fixos e os nascimentos podem ocorrer durante todo o ano. A gestação é de 55 a 77 dias, com a cópula a durar 3 a 5 minutos, uma a duas ninhadas por ano de até jovens e maturidade sexual tardia (2 anos) **(Ahmim, 2019)** . Embora pouco se saiba sobre a dinâmica populacional, particularmente a taxa de sobrevivência por classe etária e sexo, a geneta é uma das espécies com uma estratégia reprodutiva lenta, como a doninha e a marta **(Croquet, 2005; Léger et Ruette, 2010).**

2.2.1.8. Organização e comportamento social

Os genetas são animais essencialmente solitários, embora as áreas de distribuição dos machos e das fêmeas se possam sobrepor. Os indivíduos do mesmo sexo têm territórios exclusivos. São animais noturnos e raramente aparecem durante o dia, embora se saiba que por vezes procuram alimento ao anoitecer. São caçadores furtivos, mais parecidos com os gatos, e matam com uma dentada rápida no pescoço. As suas garras afiadas permitem-lhes encurralar as suas presas e são excelentes trepadores. Quando as crias deixam o ninho, repetem o mesmo ciclo, deslocando-se para um novo território ou retomando o antigo.

Nos sítios florestais regularmente frequentados por caminhantes, aproveita a noite, depois de apagadas as fogueiras, para explorar os restos de comida deixados para trás. O seu comportamento tímido torna-o sensível à presença humana e classifica-o como um "evitador urbano" (Blair, 2011).

2.2.1.9. Dieta e

O Genet é definido como um carnívoro generalista com um amplo espetro trófico, devido à sua natureza altamente oportunista **(Belbel et al., 2022).** A sua dieta tem sido um dos aspectos mais bem estudados em várias localidades: (**Souret e Riols, 2018)** em França; **Virgos et al. (1996), (Torre et al. 2013; Palazon et al. 2008)** em Espanha, **(Vingada et al, 1993), (Carvalho e Gomes, 2004 ; Rosalino e Santos.Reis, 2002)** em Portugal ; (**Delibes et al. 1989)** no Norte de África (Argélia e Marrocos) ; **Roberts et al. (2007)** na África do Sul ; **(Hamdine et al, 1993 ; Amroun.., 2006; Bensidhoum, 2010)** em Kabylia (Argélia). **(Boukheroufa et al, 2009)** em EL Kala (El Tarf, Argélia). **(Belbelet al, 2022)** em Edough, Annaba, Argélia. Os resultados da análise da sua dieta variam de uma região para outra, uma vez que a composição da dieta é influenciada por diversas variáveis, como a disponibilidade de alimentos, o tipo de habitat e a estação do ano **(Vingada et al., 1993; Virgos et al., 1999).** De acordo com a maioria dos resultados, os pequenos mamíferos representam uma grande proporção da dieta da Geneta, sendo representados principalmente por roedores durante as estações húmidas.

2.2.1.10. Estado de conservação

A gineta-comum está classificada como Pouco Preocupante (LC) na Lista Vermelha de Espécies Ameaçadas da IUCN. Embora não existam estratégias de conservação específicas para a geneta, esta encontra-se em muitas áreas protegidas em toda a sua área de distribuição. A taxa de mortalidade aumentou recentemente devido a acidentes rodoviários e à caça ilegal nas regiões setentrionais, nomeadamente por agricultores que possuem galinheiros (observações pessoais).

2.2.2. Lobo dourado africano

Vernacularmente conhecido por "Dib", não só na região de Seraidi ou Annaba, mas em todo o norte da Argélia, exceto na Cabília, onde o seu nome berbere é "Ouchane", daí a origem de um nome de família específico da região. O seu nome científico é *Canis anthus* e o seu nome comum é lobo-dourado-africano.

2.2.2.1 Sistemática

Ordem carnívora

Subordem caniformes

Família canídeos

Subfamília caninae

Género canis

Espécie Canis *anthus*

7Foto: fotos do lobo-dourado-africano (©BELBEL.F)

2.2.2.2 *Discriminação geográfica*

- **No Edough**

Encontrámos estas tocas junto a uma quinta privada situada no aterro de Bouzizi. Estas tocas destinam-se a armazenar alimentos, têm profundidades variáveis e são utilizadas como quebra-ventos e para apanhar sol, segundo os guardas do aterro e um antigo caçador florestal. Para além de lacunas na sede de uma exploração agrícola. Estas tocas não devem ser confundidas com as cavadas pelos javalis. Estas últimas são pouco profundas e representam o resultado da procura de alimentos, muitas vezes os copos de terra, as colheitas ou as plantas silvestres preferidas **(Foto 10).** Encontrámos o seu crânio e a sua pelagem no final da lixeira de Bouzizi. Dado o seu carácter urbano, todas as noites, um bando composto por um casal e três crias é regularmente avistado perto de caixotes do lixo na aldeia de Seraidi, e indivíduos são encontrados mortos nas estradas que vão de Seraidi à cidade de Annaba.

- **Na Argélia**

Na Argélia, o lobo-dourado-africano está presente em todo o país, desde o litoral até aos limites meridionais. Pode ser encontrado nas montanhas do Saara central (Hoggar, Tassili N'ajjer). Pode ser encontrada em altitudes até 2200 m em Kabylie **(Khidas 1998).** Pode ser encontrada tanto nas planícies como nas montanhas **(Judas, 1998; Amroun, 2006**). Frequenta todos os biótopos da região: florestas, matagais, zonas abertas e terrenos. Frequenta todos os biótopos da região: florestas, matagais, zonas abertas, terrenos cultivados e zonas urbanas, onde, no entanto, necessita de um mínimo de cobertura vegetal para se poder esconder.

2.2.2.3 Distribuição no resto do mundo

- *Habitat*

O lobo-dourado ocupa uma grande variedade habitats, desde zonas semi-desérticas, savanas, bosques e zonas montanhosas **(poché et al, 1987; fuller et al, 1989; kowalski e Rzebik-kowalska m, 1991; khidas et al, 1993; amroun et al, 2006).**

O lobo-dourado-africano está adaptado a todos os tipos de habitat, razão pela qual se encontra disseminado por todas as paisagens argelinas, desde o Sahara El Hoggar em Illizi até ao extremo norte da Argélia (toda a costa mediterrânica), em paisagens naturais, semi-urbanas ou mesmo urbanas.

2.2.2.4 *Morfologia do lobo dourado africano Canis anthus*

- Medidas do corpo: Medidas do corpo: 65 - 75 em comprimento e 23 - 27 em largura para a pata anterior (PA), e 30 - 41 em comprimento e 50 - 55 em largura para a pata posterior (PP) de acordo com **(Chazel , 2008 ; Boukheroufa, 2018).**
- Fórmula dentária: a fórmula dentária para a família Canidae é I3/3 + C1/1 +PM4/4 +M1-4/2-4. Para o lobo é I3/3 + C1/1 + PM4/4 + M2/3. Todos os géneros africanos têm 42 dentes. Os caninos são desenvolvidos e excedem os outros dentes **(Ahmim.M, 2019)** .
- Voz: O lobo-dourado-africano é uma espécie muito vocal, utilizando uma variedade de chamamentos, como o ladrar, como sinal de aviso. O chamamento mais caraterístico é o uivo de lamento, frequentemente ouvido em coro ao amanhecer e ao anoitecer. Uivos dos adultos (também se ouvem nos juvenis, mas mais curtos e menos ruidosos): o grito de contacto é um uivo ascendente e queixoso, "Aouuu", com uma duração de 5 a 8 segundos e frequentemente repetido. Um grito agudo de saudação e de excitação quando caça ou foge de vários membros em perigo. Os lobos estão adaptados à vida crepuscular, onde os sinais visuais não são possíveis. Emitem sons quando procuram um companheiro ou quando têm fome ou frio e outros gritos agudos quando se atiram de costas em sinal de submissão, ladridos como gritos de alarme, ronronos semelhantes aos do gato doméstico quando estão confortáveis.

2.2.2.5 Traços e índices caraterísticos

Os sinais de presença mais evidentes após a observação visual do próprio animal **(Foto 9)** ou do seu cadáver são as pegadas no solo **(Figura 10)** ou as fezes

(Foto 11; Foto 12). A confusão entre as suas pegadas e as do cão doméstico no campo pode ser eliminada de acordo com as principais caraterísticas mencionadas **(Quadro 1).**

1Quadro: Comparação entre a presença de cães domésticos e do lobo-dourado-africano.

Lobo dourado	Cão
Garras finas e pontiagudas	Garras grandes e arredondadas
Impressão ovalada	Impressão redonda
Podem ser traçadas linhas que não intersectam os rolamentos (Figura 11).	Não é viável
Garras viradas para a frente	Garras em forma de estrela
Um galope imperfeito da direita	Um galope coletivo

8©foto : Vestido de um lobo dourado africano completamente decomposto (decapitado), sítio de Bouzizi, 22 de fevereiro de 2020 **(Belbel)**

9foto : À esquerda, excrementos de um lobo num tufo da planta *Ampelodesmos moritanica* (El diss) durante a estação seca, pista de Oued El Gueb, abril de 2018; à direita, excrementos frescos cobertos de gotículas de água do lobo-dourado-africano, local de Ain Boukal, fevereiro de 2018 **(© Belbel)**

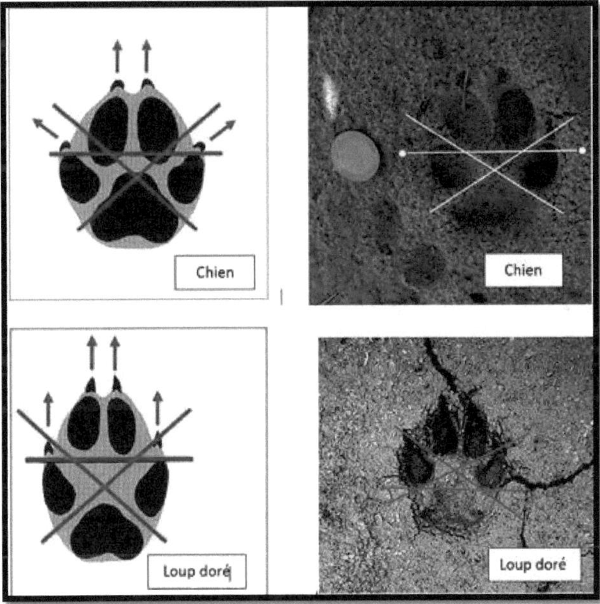

10Figura: Comparação visual entre a pegada de um lobo dourado africano (em baixo) e a de um cão doméstico (em cima) **(Belbel, trabalho atual).**

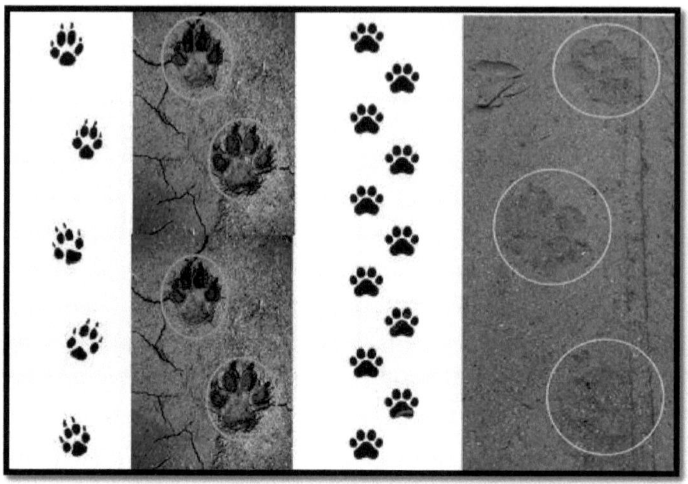

11Figura: comparação entre os galopes do cão e do lobo (**© Belbel)**

2.2.2.6. Dimorfismo sexual

No lobo-dourado, como em todos os carnívoros, os machos tendem a ser geralmente maiores do que as fêmeas, com músculos maxilares mais desenvolvidos e caninos superiores maiores **(Ewer, 1973).** Para **Khidas (1986),** a distinção pode ser feita com base em traços morfológicos. As fêmeas têm um focinho mais pontiagudo e delgado, dando à cabeça uma aparência mais larga do que nos machos, e as fêmeas têm também um ventre que parece mais pesado. É esta última que é mais adoptada pela maioria dos autores que trabalham sobre os carnívoros.

2.2.2.7. Reprodução e longevidade

A fêmea dá à luz 2 a 12 crias na primavera, após um período de gestação de 2 meses, de junho a novembro, no abrigo de uma toca (toca abandonada) ou de um abrigo transformado (numa gruta, arbustos, debaixo de pedras, etc.). O grupo é constituído pelos pais e pelas crias, que partem ao fim de 1 a 2 anos. A gestação dura em média 63 dias, com ninhadas anuais possíveis mas não regulares. As crias, em número de 1 a

10, nascem em tocas, buracos ou debaixo de pedras ou arbustos, abrem os olhos aos 8 dias, saem da toca aos 14 dias e são amamentadas durante 8 a 10 semanas. A longevidade do lobo é de 10 a 12 anos, podendo chegar aos 14 anos em cativeiro. Entre o nascimento e o desmame, as crias dependem inteiramente do leite da mãe. Ambos os progenitores ajudam também a socializar as crias e, depois de desmamadas, regurgitam alimentos para elas. (**Moehlman, 1987; Moehlman e Hayssen, 2018**). O lobo-dourado é monogâmico, com o par reprodutor a ocupar um território que é regularmente marcado e defendido contra intrusos **(alden et al, 1996 e Macdonald, 2006).**

De acordo com **Macdonald (2006),** as ninhadas ocorrem geralmente durante períodos de elevada disponibilidade de alimentos. Por vezes, a fêmea pode ter duas ninhadas de cada vez, mas esta não é uma ocorrência regular, tal como referido por **Haltenorth e Diller (1980).** A maturidade sexual é atingida aos 10 meses, os pares formam-se a partir de novembro e a cópula tem lugar em janeiro, fevereiro ou março **(Khidas, 1990; 1998)**. Após um período de gestação de 57 a 63 dias, a fêmea dá à luz 6-8 crias **(Le Berre, 1990).**

De acordo com **Livet e Roeder (1987),** a geneta macho não tem um ciclo sexual sazonal típico; os testículos mantêm uma linhagem completa durante todo o ano. O cio da geneta ocorre em janeiro-fevereiro e um cio secundário em maio-junho. No entanto, estes períodos não são fixos e os nascimentos podem ocorrer durante todo o ano. A gestação é de 55 a 77 dias, com a cópula a durar 3 a 5 minutos, uma a duas ninhadas por ano de até jovens e maturidade sexual tardia (2 anos) **(Ahmim, 2019)** . Embora pouco se saiba sobre a dinâmica populacional, particularmente a taxa de sobrevivência por classe etária e sexo, a geneta é uma das espécies com uma estratégia reprodutiva lenta, como a doninha e a marta **(Croquet, 2005; Léger et Ruette, 2010).**

2.2.2.8 Organização e comportamento social

A organização social dos carnívoros baseia-se em três componentes **(Kapeller et al, 2013)**:

- A dimensão e composição dos grupos e a sua distribuição espacial e temporal

- Métodos de reprodução
- A estrutura social que define as interações e as relações de parentesco entre os indivíduos de um grupo.

O lobo dourado é um organismo social extremamente flexível. Este é frequentemente estruturado em torno do par reprodutor e das crias da ninhada anterior. Dependendo das condições demográficas e acessibilidade dos recursos, os lobos podem ter um estilo de vida solitário ou semi-gregário **(Moehlman e jhala, 2013).** O tamanho da área de vida está ligado ao tipo de alimento que compõe a dieta do animal **(Clutton-Brock e Harvey; 1978 in Judas, 1986)**. O lobo-dourado pode percorrer distâncias muito longas em busca de alimento e regressar seu poleiro **(khidas, 1998).**

As crias são criadas pelo casal, pelo que a caça é feita em família, exceto quando a fêmea está a amamentar as crias, caso em que o macho caça individualmente. De acordo com um inquérito etnozoológico que realizámos no passado, os caçadores reformados e os observadores da natureza consideram que os lobos têm tendência a guardar alimentos suplementares, muitas vezes em tocas no solo, longe de outros predadores. Para banhos de sol em família, o passeio seria guiado pelo casal, em zonas rochosas, os locais mais altos são considerados mais seguros, para sestas tranquilas, em locais um pouco mais expostos à frequência humana sobretudo. Os lobos cavam tocas e aí se instalam fora da vista, aproveitando os raios solares, sobretudo durante a estação fria, onde passam um pouco mais de tempo, para além de dormirem durante o dia, e como são noctívagos, é preferível refugiarem-se na sua própria toca. O reflexo do predador é escolher uma espécie de quebra-vento, como um terreno erodido que não esteja ao mesmo nível, em que o lado inferior representa uma cama escondida na superfície do solo, enquanto o lado superior intercepta os ventos para dar ao animal uma visão clara do solo. No entanto, a grandes altitudes, só precisa de uma visão clara para poder vigiar as suas costas. Outro tipo de tocas que pode ser encontrado são as conhecidas por armazenarem alimentos. A utilidade das tocas distingue-se pelas suas dimensões, das quais a dedicada à sesta é a mais larga, aberta numa das extremidades, com uma profundidade média de 20 cm. As tocas de armazenamento assemelham-se mais a grandes buracos, de forma cilíndrica, com uma profundidade reduzida. De acordo com **(Khidas,1986).** O lobo-dourado explora o seu espaço de vida de forma diferenciada, o que significa que a intensidade de utilização das diferentes partes da sua área de vida não é uniforme. As tocas escavadas pelos lobos não devem ser confundidas com as dos javalis, uma vez que estes estão sempre à espreita. O lobo-dourado-africano frequenta muito mais os meios urbanos; tornou-se um frequentador da aldeia de Seraidi todas as noites, sendo frequentemente observado junto aos caixotes do lixo, tendo desenvolvido um comportamento oportunista baseado diretamente na alimentação de detritos **(Belbel et al, 2022),** embora os habitantes de Djbel l'Edough se queixem quando o lobo caça o seu gado (nomeadamente galinhas e cordeiros), não tende a ser agressivo para com os humanos, exceto quando está esfomeado, segundo vários relatos.

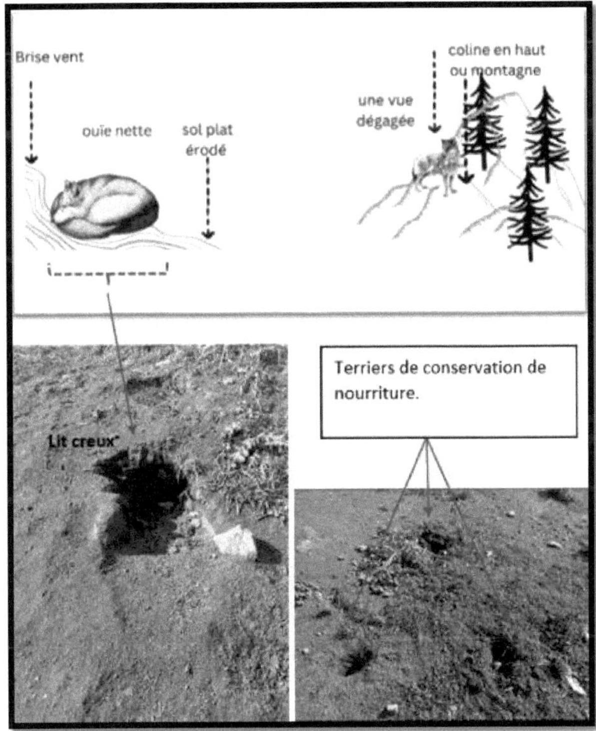

12Figura: Comportamento diurno do lobo-dourado-africano.

2.2.2.9 Dieta

Regra geral, o lobo-dourado-africano é conhecido por ser oportunista e omnívoro, chegando mesmo a alimentar-se frequentemente de carniça de javali muitas vezes morta por caçadores **(Foto 18)** e de resíduos **(Foto 19), o que** confirma que este animal é um excelente limpador de montanhas e um caçador hábil. A sua alimentação inclui aves, mamíferos, répteis, peixesinsectos, frutos e vegetação **(Eddine et al, 2017; Boukheroufa *et al*, 2020; Belbel et al, 2022)** em meio natural. É um oportunista e alimenta-se de resíduos, sendo a vegetação uma parte significativa da sua dieta. Os artrópodes são uma fonte muito importante de proteínas e dominam a sua dieta durante a estação das chuvas, quando os pequenos mamíferos são escassos **(Belbel et al, 2022).** Os frutos desempenham o papel de alimento energético, incluindo o medronheiro, os frutos do bosque e os mirtilos **(BELBEL et al, 2022)**, cujas sementes se encontram visivelmente nos excrementos do lobo no campo; constituem uma parte muito importante da sua alimentação, sobretudo durante a estação seca. A outra parte muito importante da vegetação do lobo é a planta ***Ampelodesmos mauritanicus***, vulgarmente conhecida no nordeste da Argélia como "El diss", que actua como auxiliar digestivo, quer quando o lobo se alimenta de aves e mamíferos para se livrar do pelo, quer quando se alimenta de dejectos.

©Foto 18: Cadáver de javali *Sus scrofa* (javali) (BELBEL.F)

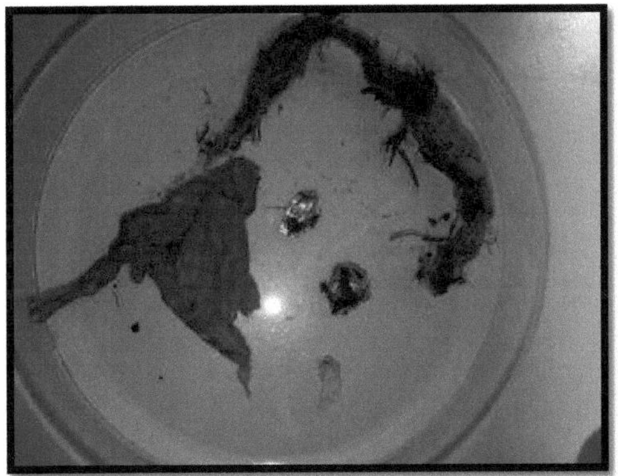

Foto 19: Categoria de resíduos na dieta do lobo-dourado-africano, (© Belbel).

2.2.2.10 Estado de conservação

Os lobos dourados africanos estão classificados como "Menos preocupante" mas em declínio na Lista Vermelha da IUCN. **Durant et al (2011)** também documentaram um declínio significativo a longo prazo das populações de lobo-dourado no Serengeti. As razões para este declínio podem dever-se ao abate excessivo por caçadores e à caça furtiva, ambos ocorrendo dentro da área de distribuição dos lobos dourados, bem como à retaliação dos agricultores pela predação de gado. Tudo isto é favorecido pelo aumento dos stocks de armas automáticas em países como a Etiópia. Presume-se que muitos lobos dourados são também afectados por programas de controlo de predadores de outras espécies, principalmente através do consumo de carcaças envenenadas. Além disso, as colisões com veículos têm sido a fonte de morte de, pelo menos, cinquenta lobos dourados no deserto do Sara, o que é suscetível de ter maiores implicações à medida que os países se desenvolvem e as estradas se tornam mais complexas e generalizadas. (**Brito, et al., 2009; Durant, et al., 2011; Eddine, et al., 2017; Moehlman e Hayssen, 2018; Yalden, et al., 1996).**

2.3 Metodologia geral e

O nosso estudo foi realizado na serra de Edough de dezembro de 2018 a maio de 2021. Os dados de temperatura para a região de Annaba, abrangendo o período de estudo, foram fornecidos pelo gabinete meteorológico nacional **(Quadro 2).**

2Tabela : Dados meteorológicos para a cidade de Annaba (2018-2020). T: Temperatura média anual. TM: Temperatura máxima média anual. Tm: Temperatura mínima média anual. PP: Precipitação total anual ta (Fonte: Office nationale de météorologie: www.meteo.dz)

Ano	T	TM	Tm	Pp	V	RA	SN	TS	FG
2017	18	23.3	12.6	650.20	12.1	88	0	33	38
2018	18.1	23.4	13.1	618.22	11.9	118	0	50	25
2019	18	23.2	12.8	868.44	12	119	0	58	21
2020	18.2	23.7	12.7	655.79	12.8	95	0	28	19
2021	18,7	24,4	13. 3	619.8 3	13	89	0	31	29

2.3.1 Descrição dos sítios de estudo

Durante o primeiro ano de amostragem, realizámos uma vasta campanha de recolha de excrementos de geneta e de lobo através da prospeção em seis estações diferentes, todas situadas na parte oriental da cordilheira do Edough: (1) Oued Semhout, (2) Ain Boukal, (3) Berwaga, (4) Le Pont Romain, (5) El Chara, (6) Ain Barbar e (7) a lixeira de Bouzizi.

Em seguida, concentrámo-nos num sítio considerado natural, situado em Ain Boukal (Sítio 2) (36°93'03.25 "N 7°70'95.36 "E), que é um ambiente florestal afastado das habitações e que compreende 4 pistas sucessivas **(Figura 14).**

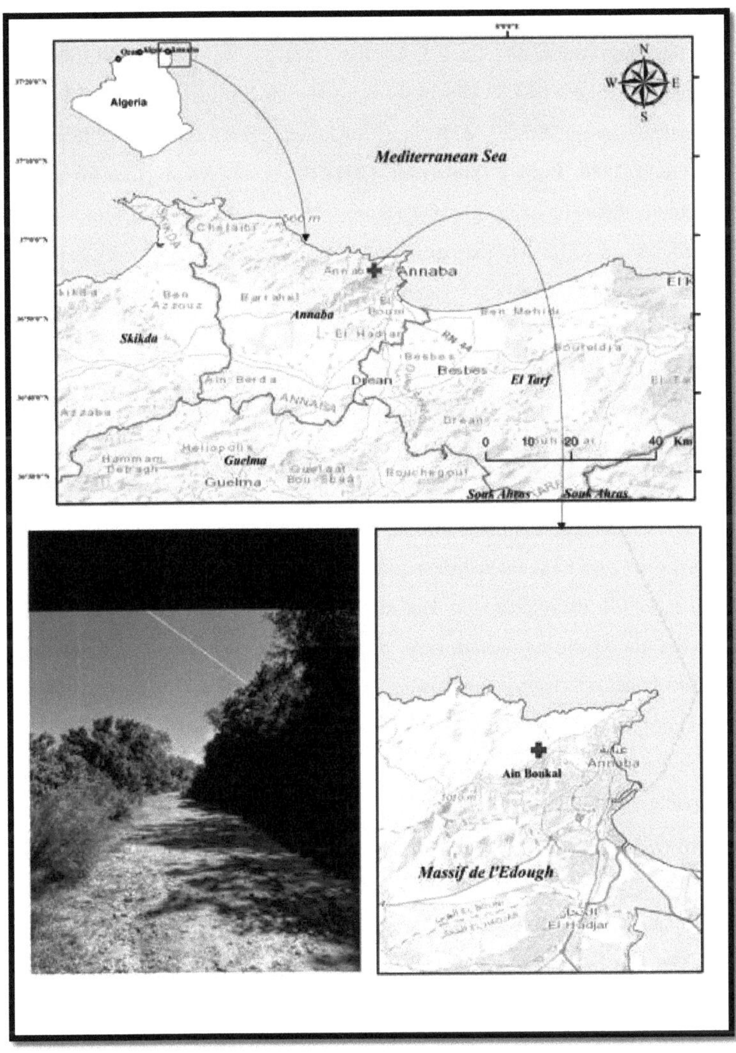

13Figura: Apresentação dos locais de amostragem Sítio natural de Ain Boukal

2.3.2 Estratégias de amostragem, identificação e recolha de fezes

Seguindo transectos de 2,5 km por local, e de forma a distinguir os excrementos, vários critérios podem ser tomados em consideração: tamanho, odor, caraterísticas morfométricas e o local onde os excrementos são depositados **(Macdonald, 1980; Bang e Dahlström, 1991)**. A geneta comum (*Genetta genetta*), por exemplo, distingue-se facilmente de outros predadores pelos excrementos com um diâmetro médio de 13,1 ± 15 mm, e um comprimento médio de 138,6 ± 23,4 mm, mais frequentemente depositados em locais favorecidos de defecação alta, ou escarpas rochosas chamadas crottiers **(Roeder, 1980; Lozé, 1984; Livet e Roeder, 1987)**. **(Foto 10)**. Outros mamíferos, como o lobo-dourado-africano e o chacal, depositam os seus excrementos no solo, geralmente à beira dos caminhos **(foto 11)**. A confusão entre os excrementos do lobo e os excrementos da raposa, por exemplo, não é comum, uma vez que os excrementos da raposa são mais pequenos, raramente contêm fragmentos de ossos e são compostos principalmente por restos de pequenos mamíferos, resíduos de frutos e contêm frequentemente fragmentos de insectos **(Eddine *et al.*, 2017)**. A diferenciação do excremento do lobo-dourado-africano do excremento de outros carnívoros que vivem na mesma zona, como a raposa vermelha (*Vulpes vulpes*), o mangusto egípcio (*Herpestes ichneumon*), o gato selvagem (*Felis lybica*) e, sobretudo, o cão doméstico (*Canis lupus familiaris*), baseia-se em caraterísticas específicas como o odor, o tamanho, a forma e a localização dos depósitos **(Macdonald, 1980; Bang e Dahlstrom, 1991)**. A nossa identificação baseia-se também em todos os indícios da presença do lobo-dourado-africano (uivos, pegadas, observações diretas, observações de residentes locais), e no facto de o nosso local de estudo natural se situar na floresta, longe de quintas e zonas residenciais, o que explica a escassez da presença de cães domésticos. No caso do aterro de Bouzizi, a identificação foi facilitada por informações de moradores locais, pela presença de pegadas e pela observação direta da espécie junto à sua toca.

10Foto: Excrementos de geneta comum sobre uma rocha (©Boukheroufa)

11Foto: ***Estrume do lobo-dourado-africano (Canis anthus). ©Boukheroufa***

Os sítios crottier foram escolhidos porque eram visitados regularmente. Estes sítios eram visitados regularmente, duas vezes por mês. Quanto aos excrementos do lobo-dourado, seguimos um transecto de 2,5 ao longo dos trilhos para os recolher. Também fotografámos os excrementos e medimo-los (um parâmetro essencial para determinar a espécie). Para isso, colocámos uma régua ou outro objeto perto dos excrementos para melhor apreciar as dimensões **(Quadro 3)**. A recolha de fezes é uma operação muito delicada. Os excrementos são uma fonte de contaminação por germes patogénicos (equinococose, raiva, etc.), pelo que é fundamental não ter qualquer contacto direto com os excrementos. É por isso que devem ser colocadas num saco hermético com dois pauzinhos de madeira, recolhidas no local e depois eliminadas.

3Tabela . Dimensões dos excrementos (dejectos, fezes, epreintes) de alguns mamíferos argelinos. Fonte: Sintetizado por Boukheroufa (2018)

Espécies	Dimensões (mm)	
	Comprimento	Diâmetro
Porco-espinho (*Hystrix cristata*)	21 - 29	10 - 15
Fuinha (*Mustela nivalis*)	25 - 50	2 - 3
Mangusto de Ichneumon (*Herpester ichneumon*)	45 - 80	8 - 12
Geneta comum (*Genetta genetta*)	100 - 250	15 - 20
Lobo dourado africano (*Canis anthus*)	60 - 120	15 - 25
Raposa vermelha (*Vulpes vulpes*)	48 - 80	13 - 22
Coelho selvagem (*Oryctolagus cuniculus*)	0,6 - 12	0,6 - 12
Veado-vermelho (*Cervus elaphus*)	18 - 25	12 - 20
Lontra (*Lutra lutra*)	≈ 40 - 60	≈ 30 - 60

12Foto: Alguns excrementos de mamíferos. Chazel e Chazel (2008).

2.3.3 Conservação, tratamento e triagem das fezes

As fezes recolhidas no campo são colocadas em álcool a 70° durante 48 horas **(Hamdine *et al*, 1993)** ou numa estufa a 80° C durante 24 horas (presente trabalho) para eliminar os germes que possam estar presentes. A descompressão das fezes é uma operação delicada porque os restos de presas são muito fragmentados, nomeadamente os restos ósseos onde a dentição está geralmente isolada e não ligada à mandíbula. Para o efeito, utilizámos a técnica do descasque húmido. Esta técnica foi adoptada para os excrementos recentemente recolhidos, onde os restos de presas estão condensados e compactados.

O princípio desta técnica baseia-se na separação dos elementos contidos numa pelota de estrume imersa em água. A técnica envolve quatro etapas **(figura 17)**:

Etapa [1]: maceração dos excrementos num frasco durante 48 horas, para amolecer os excrementos. No final desta fase, recolhe-se 5 ml do meio de maceração, depois de agitado, para detetar a presença de cerdas de minhoca numa fase posterior.

2(eme) etapa: dilaceração dos excrementos com uma pinça e uma agulha lanceolada.

Etapa 3: Os excrementos são lavados com água quente e detergente num crivo de malha de 0,25 mm de diâmetro para remover a gordura e as impurezas, sendo depois secos durante 24 a 36 horas a uma temperatura de 50°C.

4ª fase: Os diferentes componentes (penas, pêlos, ossos, dentes, restos de invertebrados ou de plantas) são selecionados em placas de Petri etiquetadas, classificados e pesados.

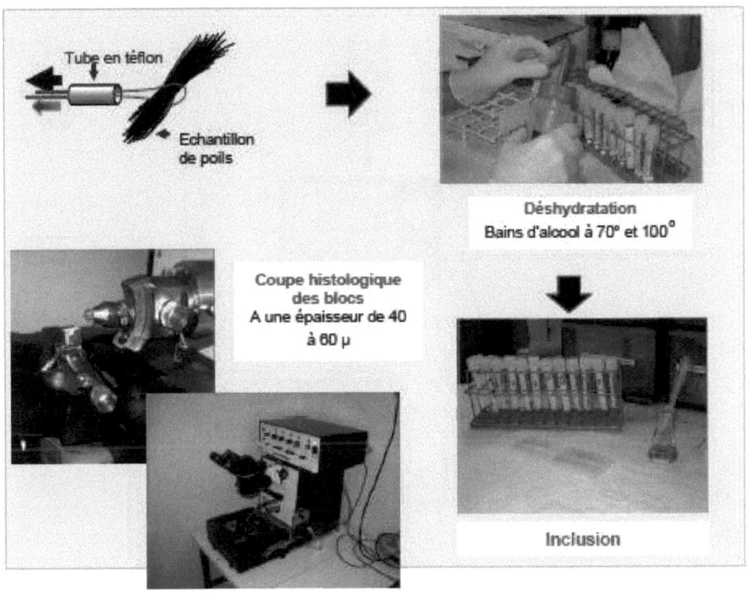

14Figura: Protocolo histológico para a dissecação de pêlos de pequenos mamíferos
(©Boukheroufa)

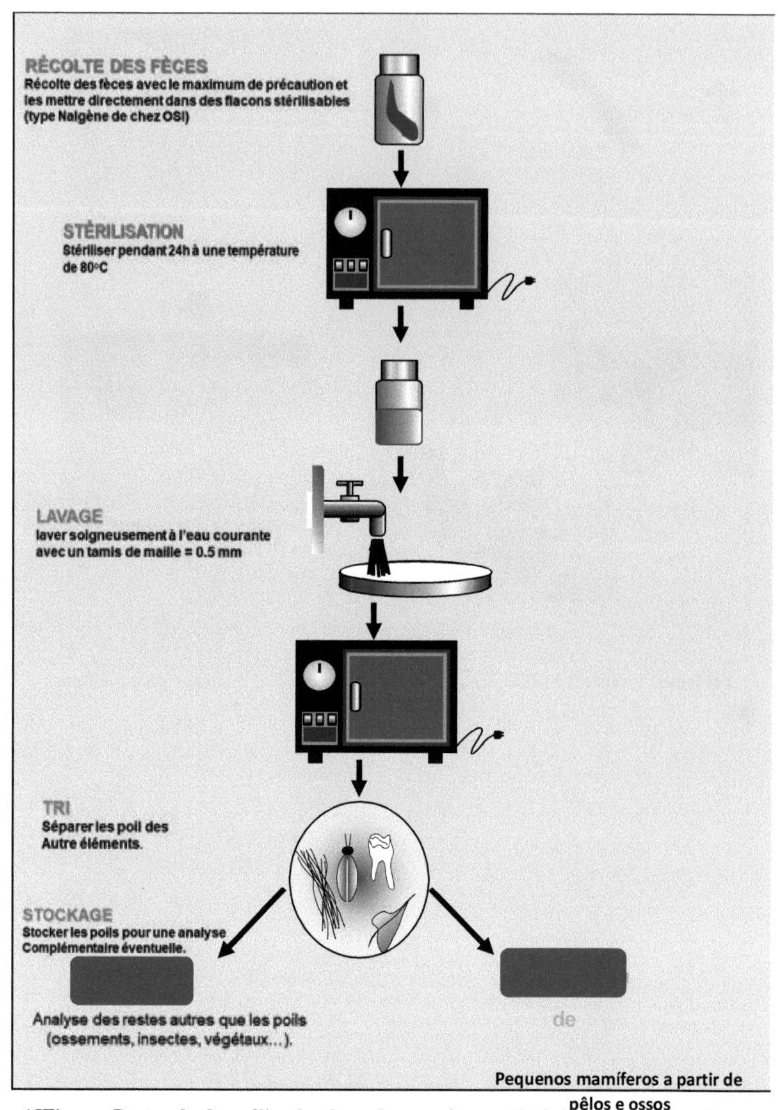

15Figura: Protocolo de análise das fezes dos carnívoros (Quéré, 1993 completado por Boukheroufa, 2005)

2.3.4 Caracterização taxonómica das presas

A análise dos restos de presas baseia-se em categorias alimentares e nas suas respectivas classes (plantas, artrópodes, anfíbios, répteis, aves e mamíferos).

Artrópodes

A determinação qualitativa e quantitativa das espécies baseia-se na identificação e na contagem das partes anatómicas que constituem os indivíduos. Assim, a presença de um pronóstomo (segmentos abdominais), de uma cabeça, de um tórax e, por vezes, de um par de asas confirma a presença de um indivíduo. Os escorpionídeos são representados por um par de pinças, um ferrão, um par de quelíceras e segmentos abdominais ou pós-abdominais.

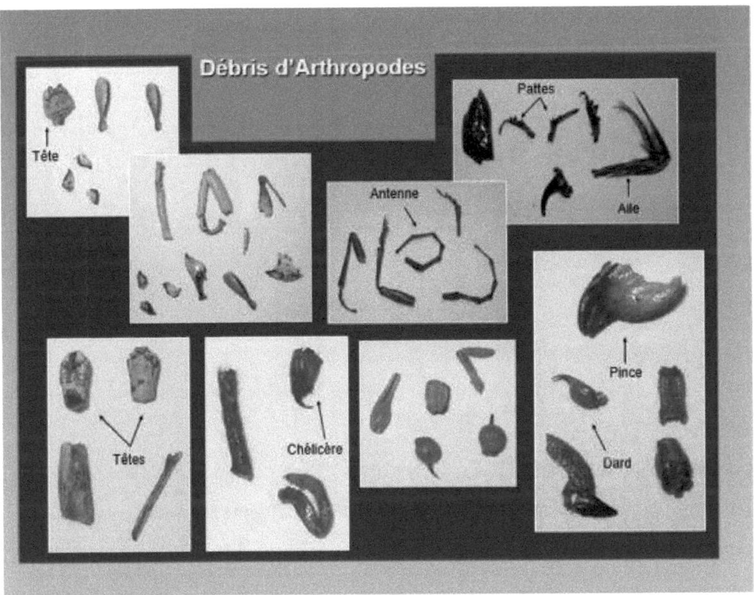

Elementos vegetais

As sementes de frutos e outras plantas encontradas nas fezes foram determinadas por comparação com o herbário do local de estudo.

Anfíbios e répteis

Os anfíbios e os répteis não puderam ser identificados devido à falta de chaves de identificação. No entanto, a presença de patas ou mandíbulas nas fezes pode indicar a sua presença.

As aves

A presença de aves é indicada nas fezes pela presença de resíduos de penas ou penugem, por vezes patas, unhas ou um bico.

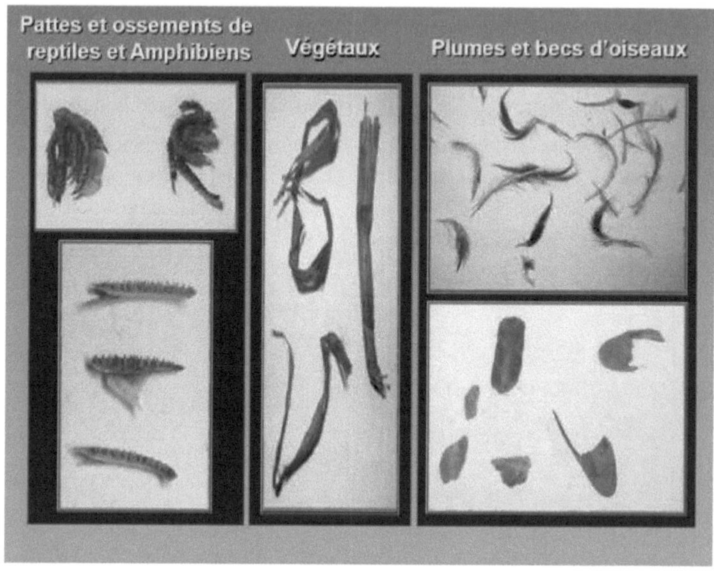

Mamíferos

A determinação e a contagem das presas desta classe baseiam-se no exame da estrutura dos pêlos recuperados, das caraterísticas da dentição e da biometria craniana **(S aint - Girons e Petter, 1965).**

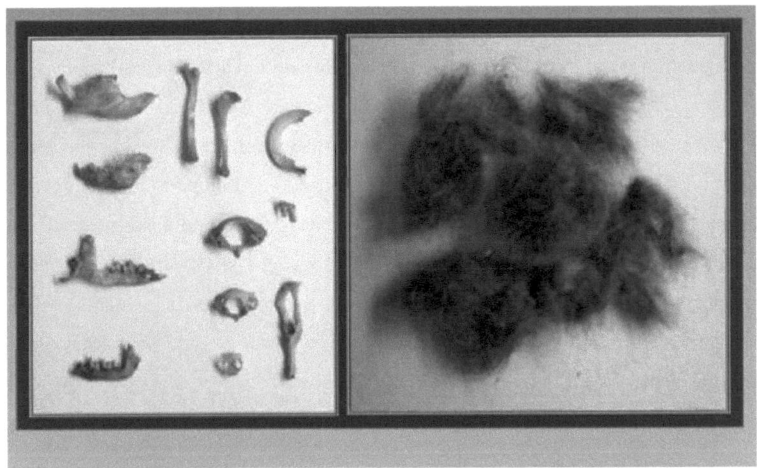

2.3.5. Análise dos pêlos de pequenos mamíferos

O exame dos pêlos encontrados nas fezes permitiu-nos confirmar os dados fornecidos pelos restos ósseos. Um pelo é constituído por três camadas cilíndricas aninhadas uma dentro da outra de fora para dentro: cutícula, córtex e medula, todas elas queratinizadas. Segundo **(Tupinier 1973),** os pêlos dos quirópteros não têm medula.

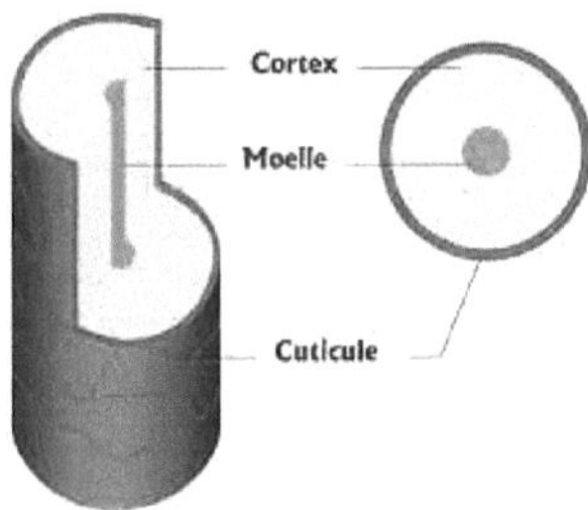

16Figura: Esquema de um cabelo (Modificado por BELBEL.F).

O exame dos pêlos encontrados nas fezes permitiu-nos confirmar os dados fornecidos pelos restos ósseos. De acordo com **Sari, A., & Arpacik, A. (2018),** o pelo é um dos critérios que diferencia os mamíferos dos outros animais. Três tipos de pêlos podem ser encontrados nas fezes **(Figura 20)**: **Os pêlos de enchimento** ou subpêlos, ou penugem, são finos, curtos e densos e muito mais numerosos, desempenham um papel no isolamento térmico. - **Os pêlos** de Kemp formam, com os pêlos de penugem, a maior parte da pelagem dos micromamíferos. Os pêlos de Kemp são longos, grossos, menos numerosos e muito pigmentados. - **Vibrissas:** pêlos queratinosos presentes em quase todos os mamíferos (penas nas aves), são pouco numerosos. Encontram-se principalmente na cabeça, na cauda e nas patas. São os únicos pêlos que se afilam regularmente da base para a ponta. São órgãos sensoriais que têm um papel a desempenhar.

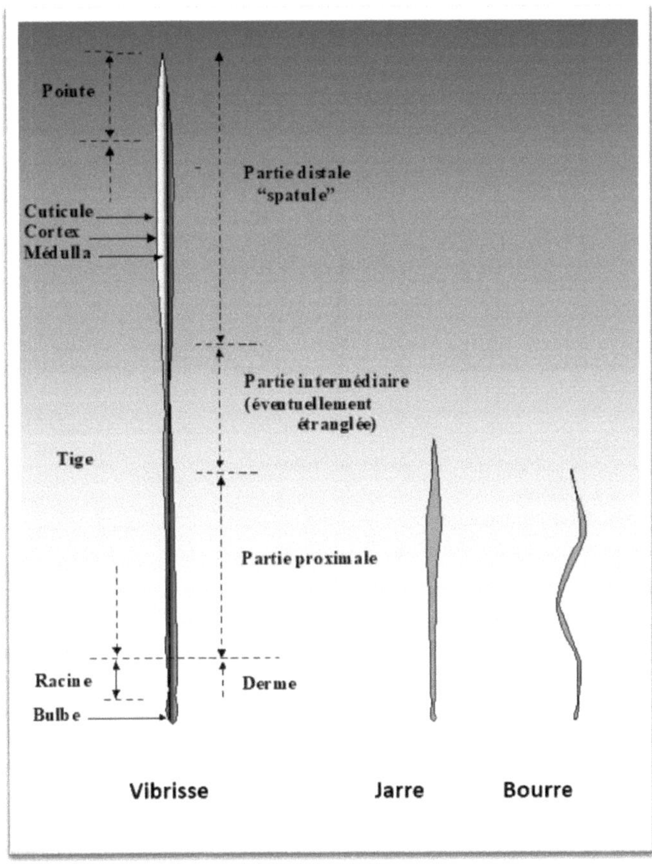

17Figura: Os diferentes tipos de cabelo e diagrama de um cabelo de **(Brunner et al. 1974; Faliu et al, 1979).**

2.3.6 Morfologia do cabelo

A haste e a ponta do pelo são células mortas que não evoluem morfologicamente, ao passo que os cortes transversais (A-A) **(Figura 21)** na parte superior representam o mesmo estádio de desenvolvimento do pelo. Durante o nosso estudo, os pêlos foram recolhidos aleatoriamente nas fezes dos predadores, pelo que os cortes transversais foram efectuados em diferentes estádios de desenvolvimento, pelo que utilizámos o reconhecimento morfológico dos três estádios de desenvolvimento efectuado no estudo dos guias de identificação.

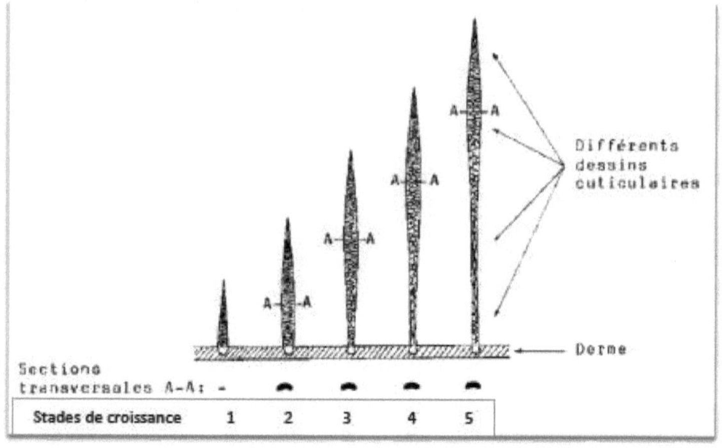

18Figura: Morfologia de um pelo: as cinco fases de desenvolvimento de um pelo de jarra na ratazana castanha Rattus norvegicus de acordo com **(Debrotet al, 1982).**

2.3.7 Anatomia do cabelo

Muda de uma família para outra, mudando a medula e outros elementos:

- Medula
- Córtex e cutícula
- Cutícula

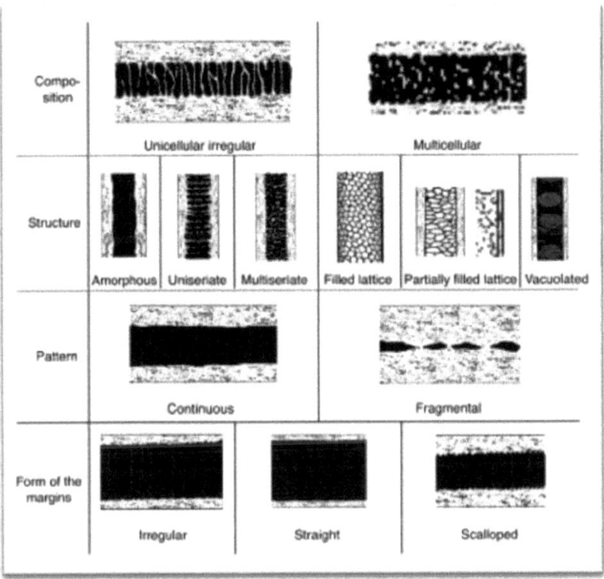

19Figura: identificação dos angulados com base nas três componentes de um cabelo (vista lateral e perfil) **(DeMarinis,A & Asprea,A, 2006).**

Uma das chaves para a identificação de um pelo é a morfologia externa da cutícula, ou seja, o aspeto do pelo, também conhecido como impressão. Isto pode ser feito de várias maneiras **(DeMarinis & Agnelli, 1993 ; De Marinis & Asprea, 2006 ; Debrot, 1982)** , estes métodos expõem a morfologia dos pêlos de cada animal, e até diferem de uma espécie para outra.

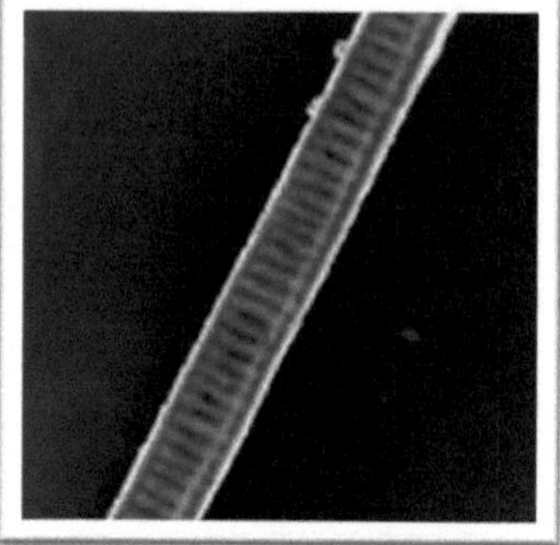

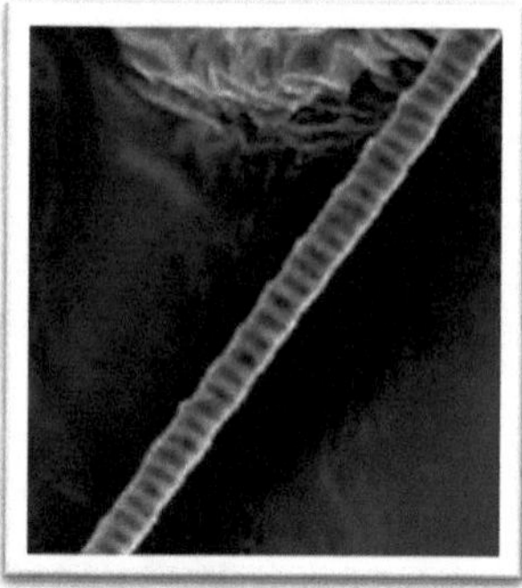

20Figura :A cutícula do musaranho Blarina carolinensis à esquerda e a cutícula do musaranho Cryptotis parva à direita **(Debrot et al, 1982).**

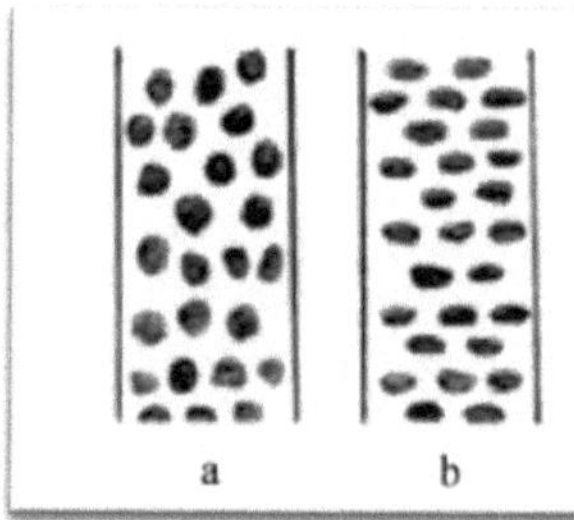

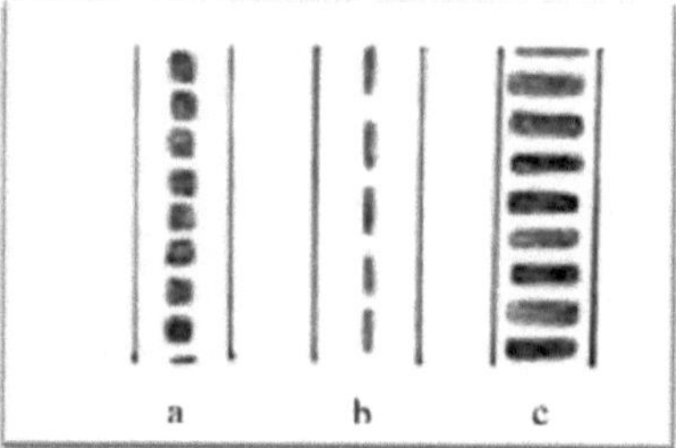

21Figura: Tipos de medula composta: à esquerda (a) oval e (b) achatada, à direita Tipos de medula simples: (a) oval, (b) alongada e (c) achatada **(Debrot et al, 1982).**

2.3.8 Secções transversais

Observando secções transversais dos pêlos ao microscópio de luz, podemos ver diferentes formas, cada uma pertencente a um género taxonómico bem definido:

- As formas **tetraconcavas** ou por vezes **triconcavas** ou **em forma de haltere** indicam a presença de ratos do campo do género ***Apodemus.***
- As formas **reniforme**, **monocôncava**, **bicôncava**, **haltere** e **tricôncava** indicam a presença de ratazanas ***Rattus*** e ratos Mus.
- As formas **quadradas** ou **tetraconcavas** indicam a presença de musaranhos ***Crocidura.***

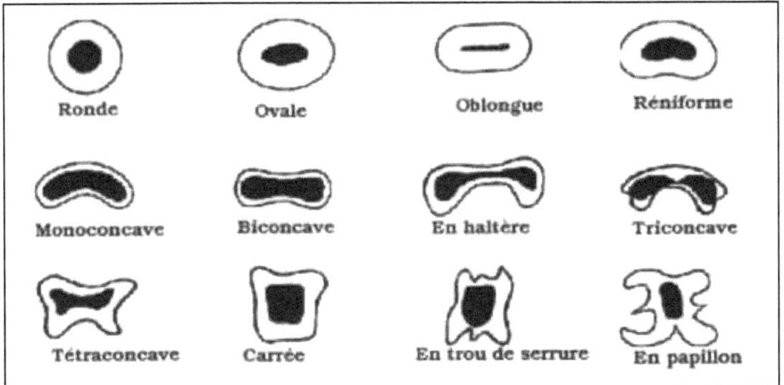

22Figura: As diferentes formas de pelo observadas ao microscópio, secções transversais (*in* Damange, 1999).

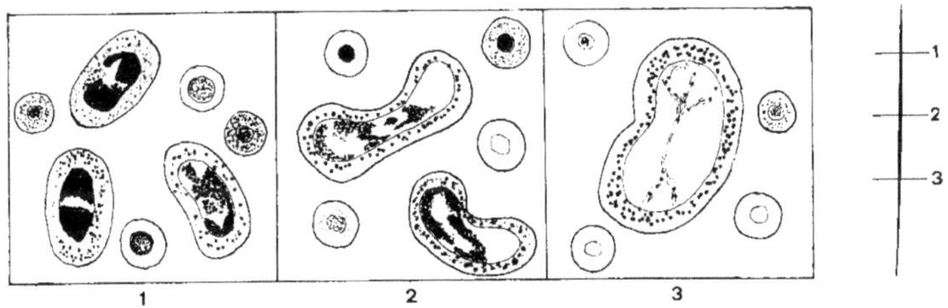

23Figura: Diferenças na estrutura dos pêlos laterais num indivíduo Musculus

(segundo Debrot et al, 1982).

Esta diversidade de formas transversais é o resultado de diferenciações na estrutura dos pêlos deste indivíduo **(Debrot et al, 1982)**. No entanto, é importante salientar que a única referência de identificação taxonómica baseada nos pêlos é a de Debrot et al e que diz respeito exclusivamente à identificação de mamíferos europeus.

2.3.9 Análise dos ossos

Para aperfeiçoar a identificação taxonómica dos géneros observados nas secções transversais dos pêlos, examinámos e identificámos as superfícies de desgaste dos dentes jugais e das mandíbulas com uma lupa binocular e comparámo-las com as chaves de determinação **(Erome e Aulagnier, 1982; Barreau et al., 1991; Rolland, 2008; Boulanger, 2018).**

2.4. Tratamento dos dados

Calculámos e analisámos os parâmetros da estrutura populacional dos itens de presa (pequenos mamíferos) consumidos pelo geneta comum e pelo lobo-dourado-africano.

2.4.1 Número de presenças (N.A.)

É definido como o número de vezes que um item alimentar ou categoria alimentar é encontrado em todas as fezes **(Lozé, 1984).**

2.4.2. Frequência de ocorrência ou Índice de presença (PI em %)

O índice de presença exprime o número de ocorrências de cada item alimentar ou categoria alimentar em relação ao número total de fezes analisadas:

N. A
I. P = --------- x 100 ou: **N. A**: Número de
N (t) **N** t : Número total de fezes analisadas

2.4.3. Abundância (Ab)

A abundância é definida como o número total de indivíduos num item de presa ou numa categoria de alimento (número de itens de presa).

2.4.4 Frequência relativa ou (Abundância relativa)

É a abundância de uma presa A em relação à abundância total de todas as presas. É expressa em percentagem.

Ab
F. R. = --------- x 100 ou : **Ab**: Abundância do item A
A b t **Ab** t : Abundância total de todas as presas.

2.4.5. Noção de biodiversidade (H')

O índice de diversidade é utilizado para exprimir a estrutura de uma população e a forma como os indivíduos se distribuem entre as diferentes espécies **(Daget, 1979)**. Adaptámos o índice de SCHANNON e WEAVER para calcular a diversidade da dieta:

H' = - pi log$_2$ pi ou: **pi**: a frequência de ocorrência de cada género alimentício ou categorias de alimentos

Esta diversidade é também conhecida como diversidade intra-biótopo e mede o nível de complexidade da população (neste caso, todos os alimentos). Quanto maior for o número de alimentos, maior será a sua abundância e maior será a diversidade da dieta.

A diversidade máxima H' max é uma função do número total de itens alimentares **(*em* Virgos *et al.* 1999):**

H max = log$_2$ S ou: **S**: Número total de géneros alimentícios ingeridos.

2.4.6. Equidade

O cálculo da equitabilidade permite-nos distinguir em que medida as respectivas diversidades (H') dos alimentos se aproximam da sua diversidade máxima (H max), que corresponde ao equilíbrio estável compatível com o ambiente. O índice de equitabilidade é dado pela seguinte fórmula **(Virgos *et al.* 1999):**

H'
E = --------- x 100 ou: **H'**: diversidade
H max H max: diversidade

2.4.7. O índice PIANKA

Calculámos o grau de sobreposição no nicho trófico dos dois predadores, com base no índice de presença (Pi) das categorias alimentares, de acordo com o índice de Pianka **(Pianka, 1973),** descrito pela seguinte equação:

$$O_{jk} = \frac{\sum_{i}^{n} p_{ij} p_{ik}}{\sqrt{\sum_{i}^{n} p_{ij}^2 \sum_{i}^{n} p_{ik}^2}}$$

Onde Ojk = medida de sobreposição de nicho de Pianka entre as espécies j e k; Pij = proporção da categoria de alimento i na dieta da espécie j; Pik = proporção da categoria de alimento i na dieta da espécie k; n = número total de categorias de alimentos. Este índice parte do princípio de que as presas estão igualmente disponíveis para todos os predadores **(Reinthal, 1990).** Os valores de sobreposição variam entre 0 (sem sobreposição) e 1 (sobreposição completa).

2.6.7. Análise estatística dos dados

A análise estatística dos dados foi efectuada utilizando os programas informáticos "Minitab 17" (*eds*, 2015) e R (*eds*, 2016). ±Os resultados são expressos como média e erro padrão. Utilizámos os testes t de Student e a análise de variância (ANOVA) para comparar as médias, o teste do Qui-quadrado para as variáveis categóricas e a análise de componentes principais (ACP) para interpretar o papel das diferentes variáveis medidas. Os dados foram representados graficamente através de histogramas, sectores e anéis produzidos no Microsoft Office Excel 2007.

RESULTADOS

III. RESULTADOS

No final deste estudo, recolhemos um total de 403 dejectos em todas as estações, dos quais 212 pertenciam ao geneta comum e 191 ao lobo-dourado-africano. Esta parte, puramente qualitativa e baseada na identificação taxonómica, foi desenvolvida a partir da análise de todas as amostras recolhidas, ou seja, dos 403 excrementos recolhidos em diferentes estações do maciço montanhoso de Edough.

3.1 Identificação dos micromamíferos através dos pêlos :

A observação de secções transversais de pêlos ao microscópio de luz, combinada com as chaves de identificação descritas *em* **Debrot et al (1982),** permitiu-nos caraterizar pelo menos quatro géneros taxonómicos: *Rattus, Mus, Apodemus e Crocidura.* Pudemos também caraterizar formas que são frequentes nas plantas de secção, mas que não pudemos caraterizar por não estarem descritas apenas no Mammalian Hair Atlas (**Figuras 22-26**)

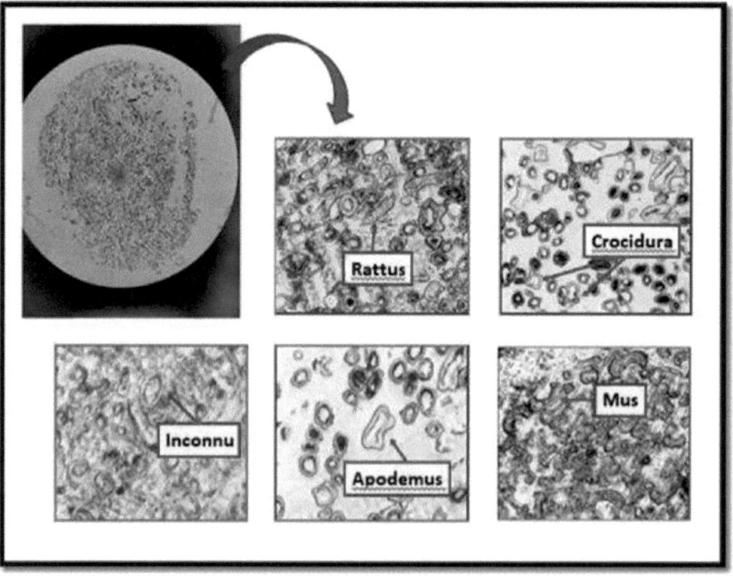

Figura 22: observação de secções transversais de pêlos ao microscópio

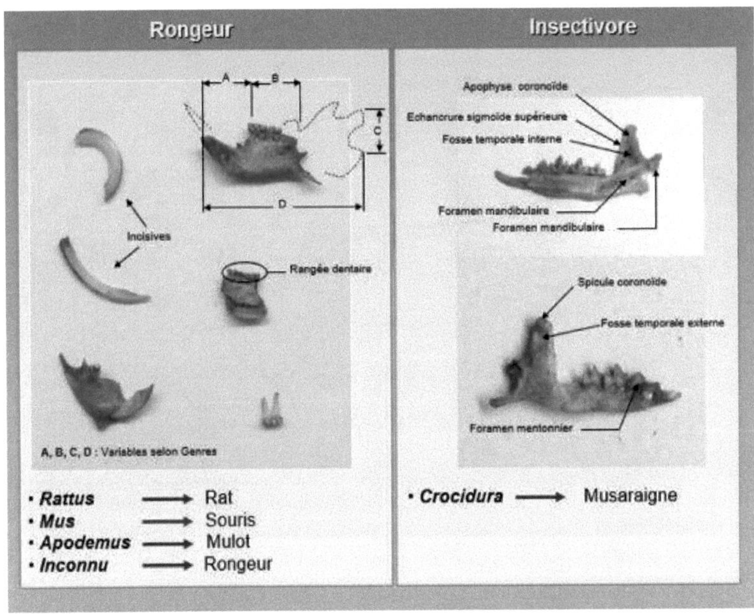

Figuras 23: diferenças na estrutura óssea entre roedores e insectívoros

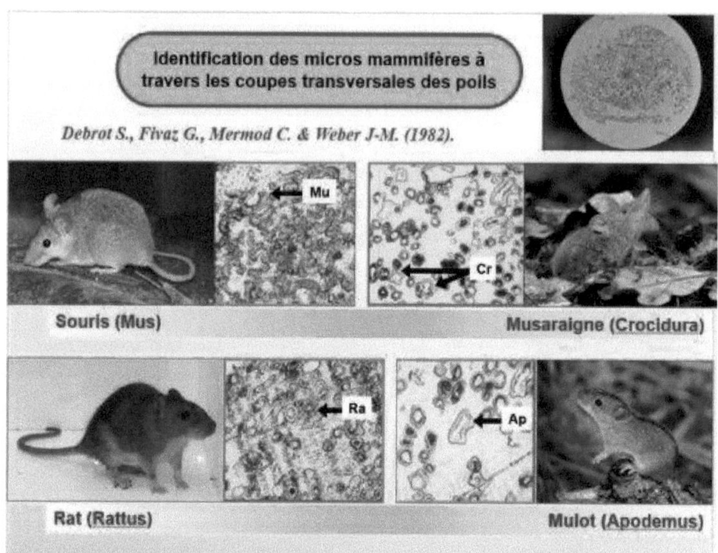

Figura 24: Géneros taxonómicos identificados e formas não identificadas a partir de secções transversais de cabelos Gr (40*10) (Secções transversais: Boukheroufa; Fotos das espécies: fonte google)

Dos 4 géneros taxonómicos formalmente identificados (**foto 15**), três géneros pertencem à ordem **dos roedores**: o género ***Apodemus,*** o género ***Rattus*** e o género ***Mus,*** e apenas um género pertence à ordem **dos insectívoros**, representado por ***Crocidura***. As caraterísticas morfométricas que tornaram possível esta caraterização incluem :

- As formas **tetraconcavas** ou por vezes **triconcavas** ou **em forma de haltere** indicam a presença de ratos do campo do género ***Apodemus.***
- As formas **reniforme**, **monocôncava**, **bicôncava**, **haltere** e **tricôncava** indicam a presença de ratazanas ***Rattus*** e ratos Mus.
- As formas **quadradas** ou **tetraconcavas** indicam a presença de musaranhos ***Crocidura.***

Esta diversidade de formas transversais é o resultado de diferenciações na estrutura do cabelo deste indivíduo (**Debrot et al, 1982**) (**figura 25**).

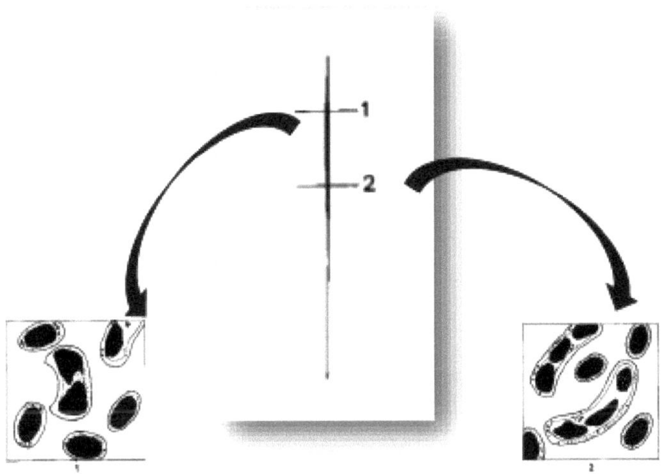

24Figura: Diferenças na estrutura dos pêlos num indivíduo Mus Musculus **(segundo Debrot et al, 1982).**

3.1.1 Identificação através de ossos :

Para aperfeiçoar a identificação taxonómica dos géneros observados nas secções transversais dos pêlos, examinámos e identificámos as superfícies de desgaste dos dentes jugais e das mandíbulas com uma lupa binocular e comparámo-las com as chaves de determinação **(Erome e Aulagnier, 1982; Barreau et al., 1991; Rolland, 2008; Boulanger, 2018).**

Em primeiro lugar, distinguimos a ordem dos roedores da dos insectívoros pela fórmula geral do crânio e dos dentes. Os roedores têm um crânio ovoide, um focinho arredondado e um par de incisivos desenvolvidos, separados dos outros dentes (dentição descontínua), o que lhes permite roer as sementes e as plantas de que se alimentam. Ao contrário dos roedores, os insectívoros têm um crânio oblongo, com um focinho pontiagudo estendido por uma probóscide, os seus incisivos não são tão desenvolvidos e estão justapostos aos outros dentes (dentição contínua) **(Rigaux & Dupasquier, 2012; Boulanger, 2018).**

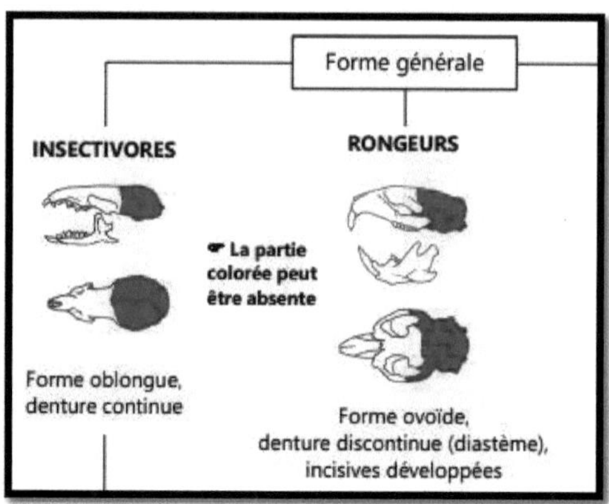

25Figura: comparação da forma geral do crânio dos roedores e dos insectívoros **(Boulanger, 2018).**

- **Insectívoros :**

Procedeu-se a uma triagem dos restos ósseos caraterísticos, fragmentos de crânio e dentes **(Figura 28).** Cada fragmento foi cuidadosamente observado com binóculos, de modo a caraterizar com precisão a espécie.

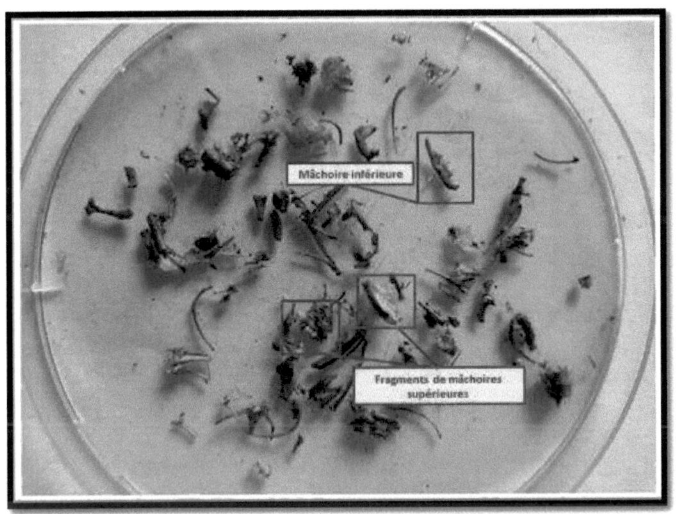

26Figura: Identificação de ossos pertencentes a insectívoros (foto Boukheroufa)

De acordo com **(Rolland, 2008)**, os musaranhos são identificados pelos seguintes critérios **(Figura 27. Figura 28)**:

1. Fila ininterrupta de dentes (sem diastemas) (caso contrário: roedores).
2. Os incisivos medianos não estão separados uns dos outros por um grande enclave côncavo que se estende até ao palato (caso contrário: Chiroptera).
3. O palato é mais comprido do que largo, com mais de 4 dentes atrás do primeiro (e maior) canino: (Alternativamente: *Mustela*, com 4 dentes).
4. O palato tem menos de 12 mm de comprimento e 8 mm de largura. Não existem arcos zigomáticos Musaranhos (caso contrário: Toupeira, Ouriço).

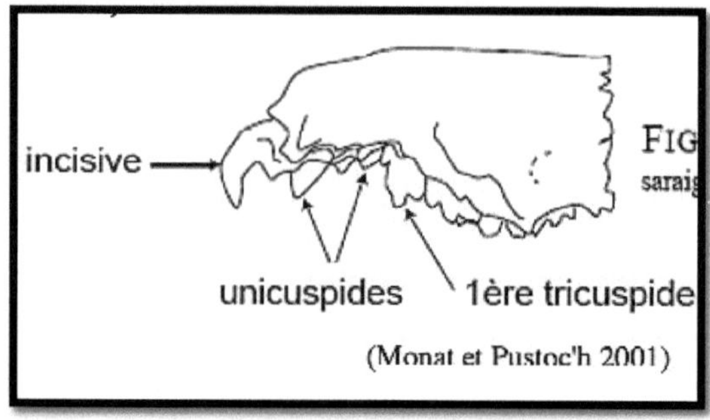

27Figura: Massa dentária do musaranho **(Monat e Pustoch, 2001)**

Os resultados de **Boukheroufa et al, (2009; 2020)**, **Belbel et al, 2022a,** combinados com espécimes encontrados em vasos Barber durante a amostragem de insectos rastejantes **(Ouari e Bouhenniche, 2021)** confirmam que se trata de *Crocidura russula.*

De acordo com **(Rolland, 2008),** a caraterização baseia-se no número e cor dos unicúpides. Esta espécie tem três unicúpides, que são inteiramente brancas, em comparação com os *Crossopes* (quatro unicúpides) e os musaranhos do género *Sorex* (cinco unicúpides). **(Figura 30).**

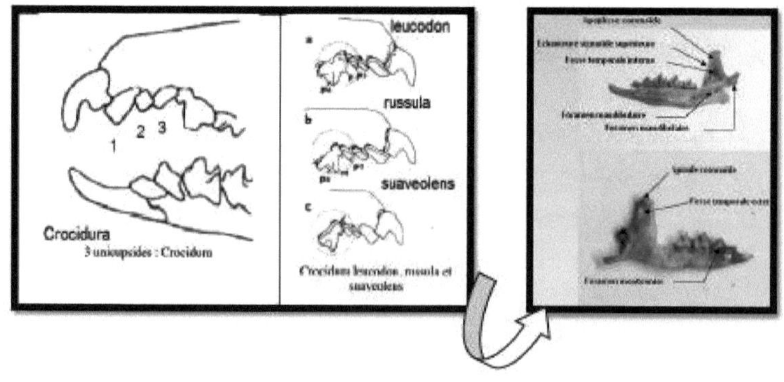

28Figura: Mandíbula de crocidídeo **(Aulagnier, 1982)**

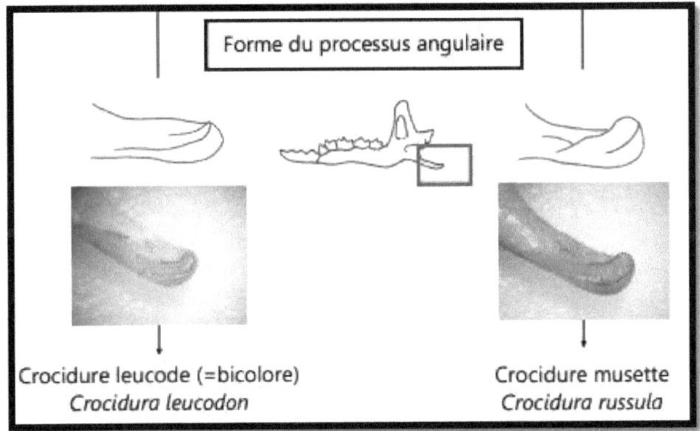

29Figura: forma do processo angular em crocidura russula e leucodon **(Boulanger, 2018)**

- **Roedores :**

Os restos ósseos correspondentes à Ordem dos Roedores (vários incisivos, fragmentos de mandíbulas e os dentes caraterísticos da Ordem dos Roedores) foram cuidadosamente separados e depois examinados com binóculos com vista à identificação taxonómica **(Figura 31; Figura 32; Figura 33)**

30Figura: Identificação de incisivos e molares pertencentes a roedores

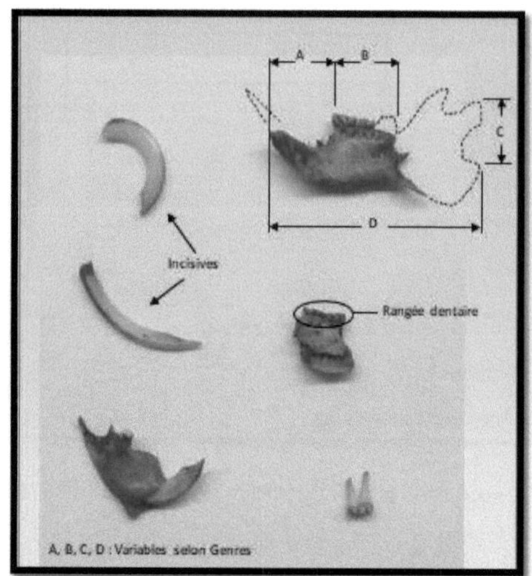

31Figura: Identificação de incisivos e vários fragmentos caraterísticos de roedores

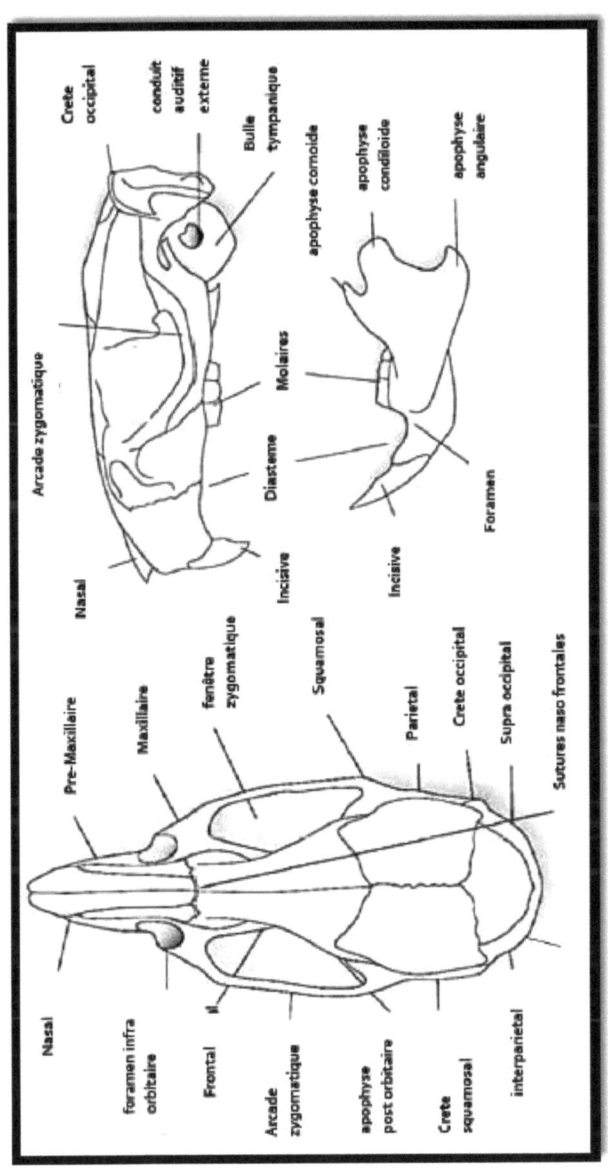

32Figura: Morfologia de um crânio típico de roedor (vista superior e lateral) **(Couzi, 2011).**

A figura mostra a estrutura craniana e a dentição dos roedores:

- Uma interrupção (barra ou diastema) de mais de dois dentes nas filas dentárias, entre os incisivos longos e os molares.
- Os caninos e os pré-molares estão ausentes. Em cada metade do maxilar, um incisivo está separado de uma fila de 3 molares.
- Crânio ovoide, incisivos desenvolvidos.
- Os murídeos têm uma superfície de desgaste molar formada por tubérculos, dentes mais baixos com raízes; têm três molares com tubérculos arredondados; é o caso dos ratos do campo, das ratazanas e dos ratinhos **(Rolland, 2008). (Figura 33).**

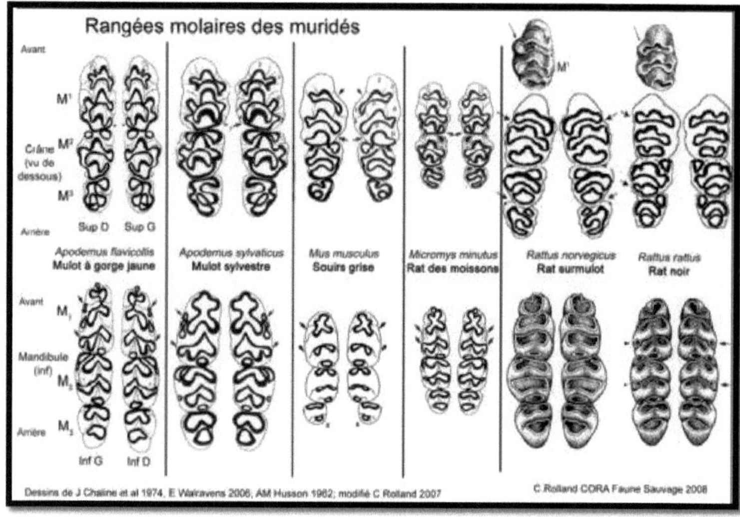

33Figura: Filas molares dos murídeos **(modificado por Roland 2007)**

De acordo com **Rolland (2008),** o rato preto *(Rattus rattus)* caracteriza-se por **(Figura 36)**:

- Dos dois tubérculos laterais da primeira lamela do primeiro molar, o interno é pouco maior do que o externo.

- Estes dois tubérculos laterais são bastante distintos dos tubérculos da lamela medial.
- Não existe um rebordo espessado à volta do bordo anterior da primeira lamela do primeiro molar.

O mesmo é descrito para os ratos do campo (Apodemus) e os ratinhos (Mus); podem ser diferenciados quer pelas suas filas de molares (**Figura 37**) quer pelos seus incisivos; Baseia-se na contagem das raízes do primeiro molar *(M^1) (*este molar está situado mais à frente no crânio), extraindo o dente com uma pinça e contando os orifícios no osso **(Rolland, 2008; Couzi, 2011) (Figura 36):**

- **Três** raízes confirmam a identificação dos **ratos**.
- **Quatro** raízes confirmam a identificação de **ratos-do-campo**.
- **Cinco** raízes confirmam a identificação de **Ratos.**

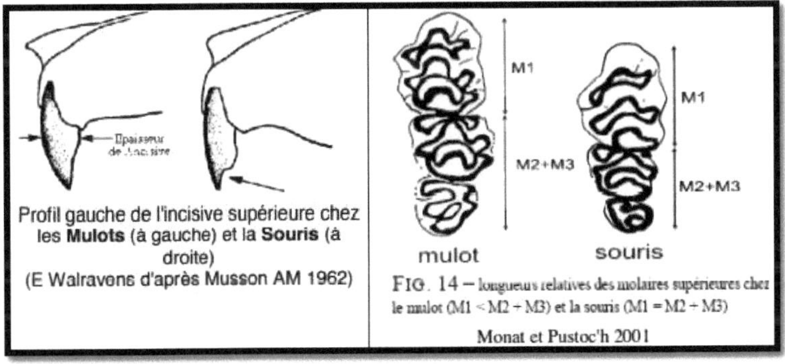

34Figura: Comparação entre ratos de campo e ratinhos

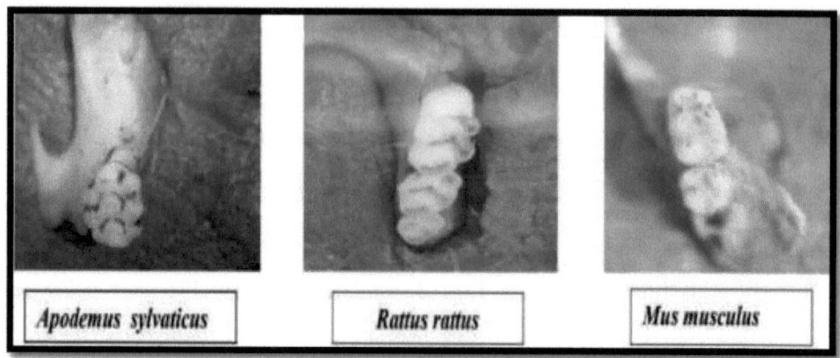

35Figura: Identificação de espécies de roedores com recurso a filas **de molares (In Boukheroufa, 2018).**

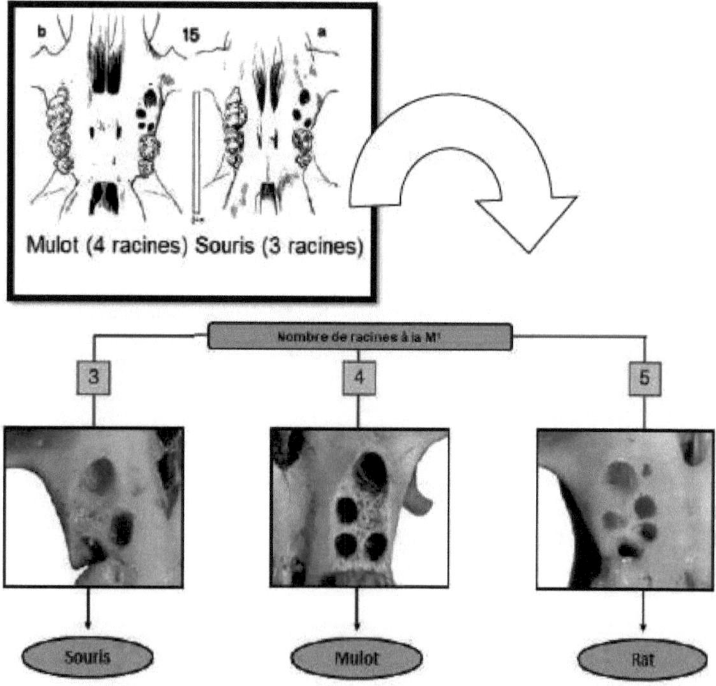

36Figura: Identificação do género de roedores através da contagem das raízes de (M1). **(Couzi, 2011).**

3.2.2 Análise global da dieta dos dois predadores :

A análise dos resultados revela que o lobo-dourado consome mais frequentemente frutos (presentes em 50% dos excrementos) do que as outras categorias, seguidos dos artrópodes e dos grandes e micro mamíferos (entre 20 e 40%). É evidente que esta tendência de frequência deve ser analisada, pois o valor energético desta ingestão alimentar deve ser considerado em termos de biomassa, sendo os grandes e micro mamíferos presas de maior porte e muito mais saciantes do que os frutos. Os resíduos digestivos e plantas (VD), neste caso a Diss (*Ampelodesma mauritanica*), encontram-se em 25% dos excrementos recolhidos. A categoria menos consumida regularmente é a das Aves, com uma frequência de ocorrência de 12,5%.

O geneta comum consome mais frequentemente pequenos mamíferos (presentes em 88% dos excrementos recolhidos), seguidos de artrópodes e aves (75% e 63%, respetivamente). Os frutos são encontrados em 38% das fezes. A geneta consome também a mesma quantidade de matéria vegetal digestiva que o lobo-dourado (25%). Os dejectos e a categoria dos répteis e anfíbios representam 13% das frequências de ocorrência.

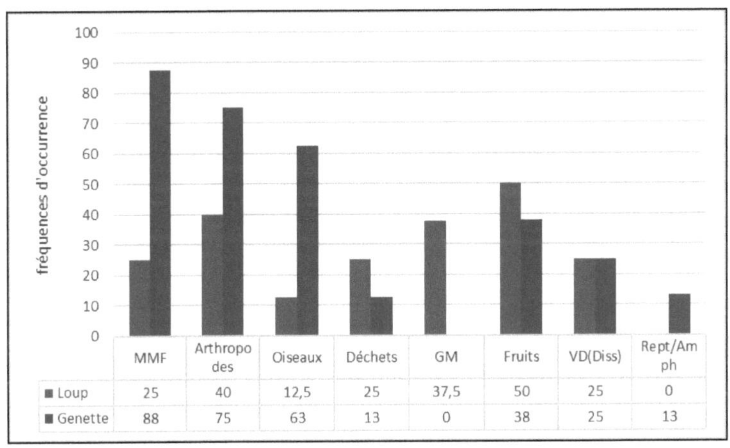

	MMF	Arthropodes	Oiseaux	Déchets	GM	Fruits	VD(Diss)	Rept/Amph
■ Loup	25	40	12,5	25	37,5	50	25	0
■ Genette	88	75	63	13	0	38	25	13

37Figura: frequências de ocorrência dos objectos consumidos pelos dois predadores.

A conversão das frequências de ocorrência em percentagens permitiu-nos caraterizar a dieta dos dois predadores e destacar a quota-parte de cada categoria. Os frutos representam quase um quarto da dieta do lobo-dourado, enquanto a geneta comum consome pequenos mamíferos e artrópodes (mais de 50% da dieta). O lobo-dourado-africano é, teoricamente, mais oportunista do que a geneta no consumo de recursos de origem humana, que são mais fáceis de adquirir, com uma proporção de 25%.

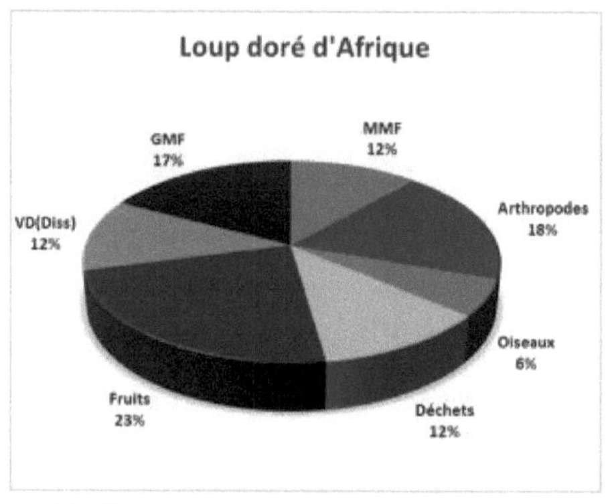

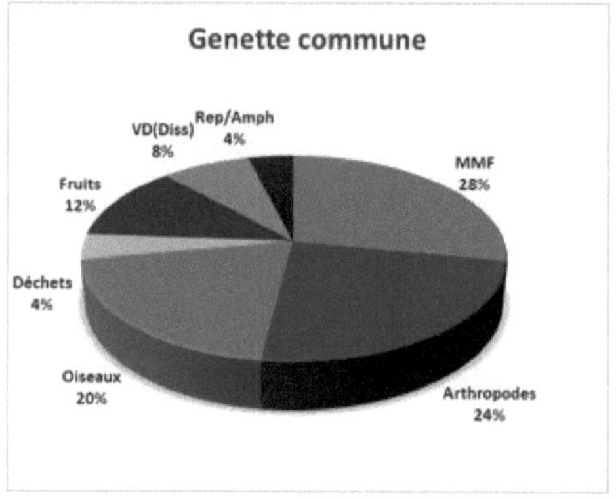

38Figura: Análise da composição global da dieta da gineta comum e do lobo-dourado-africano.

A comparação dos nichos tróficos das duas espécies através do cálculo do índice de sobreposição de Pianka revela um valor de 0,94, indicando uma sobreposição quase completa.

===O cálculo do índice de Pielou revela que a dieta do lobo dourado é mais diversificada do que a do geneta comum (H'_{Lobo} 2,70 / $H'_{(Geneta)}$ 2,50) Este resultado é confirmado pelo teste de permutação com uma diferença muito significativa (*p 0,0001*).

A medição das frequências de ocorrência das diferentes categorias alimentares pelo índice de uniformidade de Pielou apresenta, para o Lobo, um valor mais próximo do valor máximo de 1, o que significa que a distribuição das categorias alimentares é mais homogénea comparativamente à da Geneta ($J'_{Lobo} = 0,96$ / $J'_{(Geneta)} = 0,89$).

Uma análise comparativa das frequências de ocorrência de presas de micromamíferos nos dois predadores revela um predomínio de *Apodemus sylvaticus*, que é sem dúvida a presa preferida deste predador, quer na estação seca quer na estação húmida. O geneta consome também 35% do género *Rattus*, 14% do género Mus e 3% do género *Crocidura*.

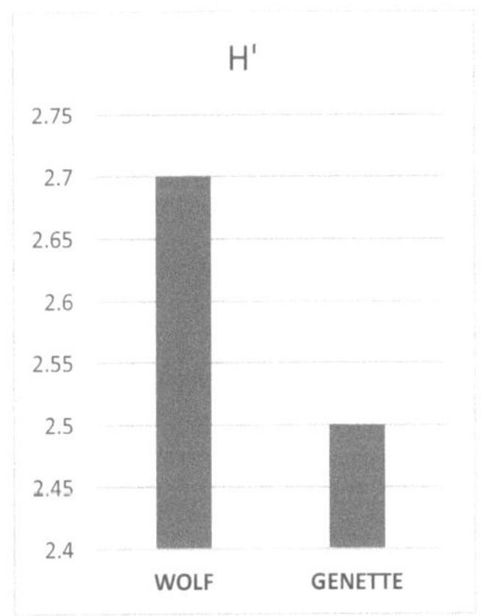

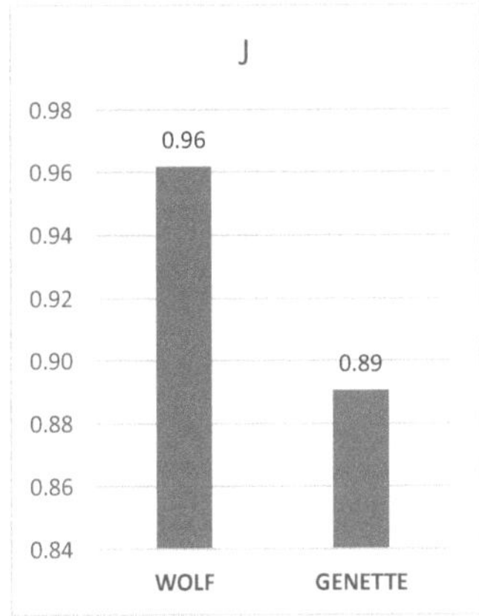

39Figura: cálculo do índice de Pielou

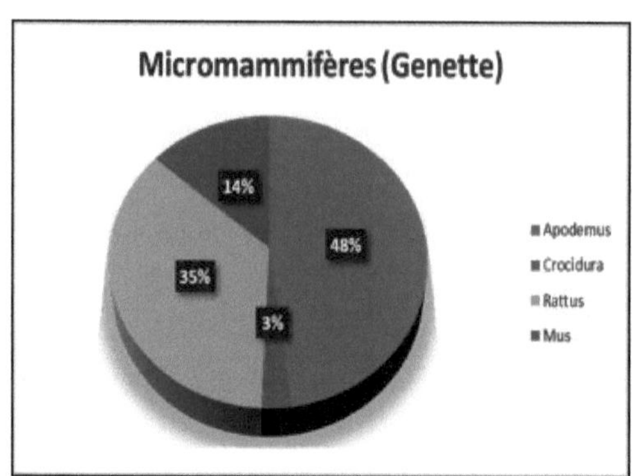

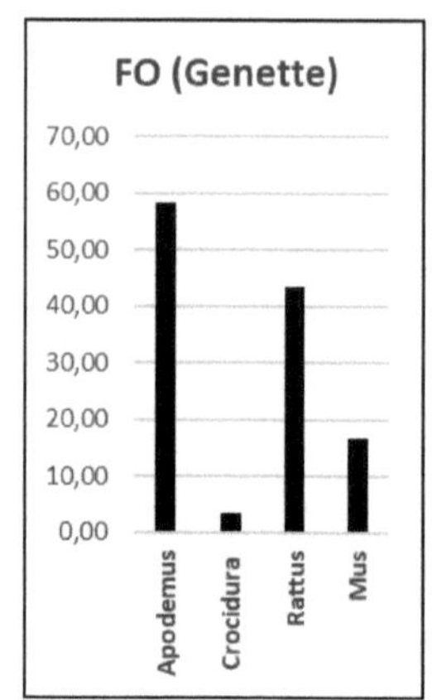

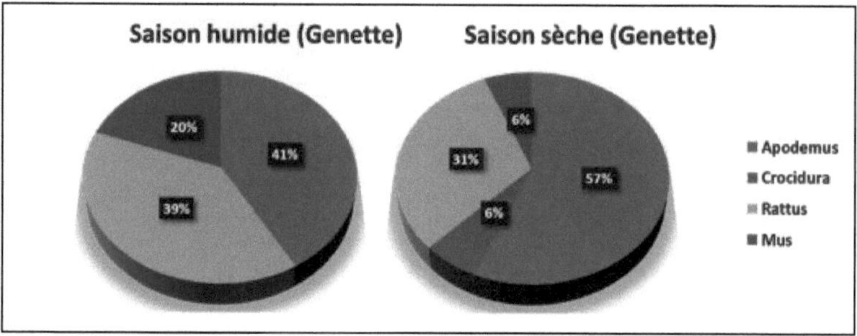

40Figura: Análise comparativa das frequências de ocorrência de presas de micromamíferos no geneta.

No lobo-dourado-africano, a dieta é praticamente a mesma ao longo de todo o ciclo anual, com grande elasticidade ecológica e maior oportunismo. As presas micro-mamíferas preferidas em ambientes naturais são as mesmas que as do geneta comum, *Apodemus sylvaticus*.

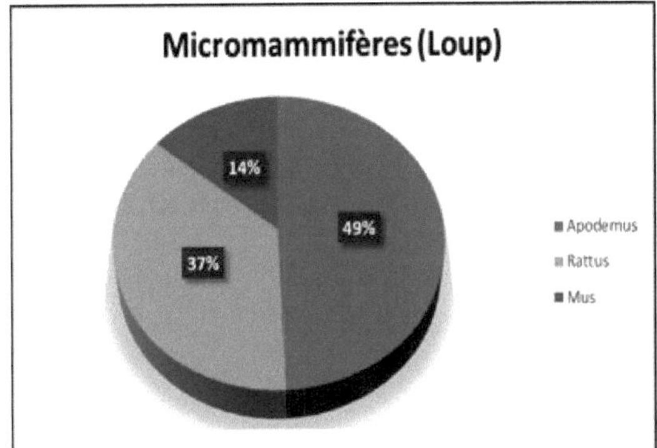

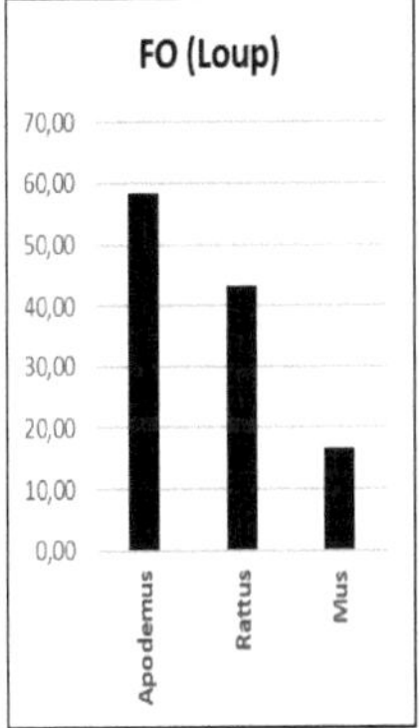

41Figura: Análise comparativa da frequência de ocorrência de presas de micro-mamíferos em lobos.

DISCUSSÃO GERAL

IV. Discussão geral

Que pequenos mamíferos comem os dois predadores?

No final deste trabalho preliminar de identificação taxonómica, foi possível confirmar as espécies consumidas pelos dois predadores: :

- Bico-de-lacre *(Apodemus sylvaticus).*
- Rato preto *(Rattus rattus).*
- Rato cinzento *(Mus musculus).*
- *Musaranho (Crocidura russula).*

Para cada espécie identificada utilizando as chaves combinadas derivadas da observação de secções histológicas e as derivadas da observação binocular dos ossos, produzimos uma descrição detalhada **(Mistrot, 2000; Oppliger, 2008; Ahmim, 2019; Zeribi, 2021).**

O Apodemus sylvaticus (rato-do-campo) é um pequeno mamífero pertencente à família dos Murídeos. São animais vivos e rápidos, bons corredores e saltadores, com uma cauda longa e orelhas com aurículas bem desenvolvidas. O seu aspeto faz lembrar o do rato doméstico. Na natureza, os ratos do campo alimentam-se de sementes, pequenos frutos e insectos. Em alguns países, estes ratos encontram-se entre as espécies susceptíveis de transportar o hantavírus. Outras espécies pertencentes ao género incluem o rato do campo listrado (*Apodemus agrarius*) e o rato do campo de colarinho *(Apodemus flavicollis).*

O Rattus rattus (ratazana) é uma espécie pertencente a um género de grandes Muridae originários da Ásia, dos espécies quais duas colonizaram a Europa e o resto do mundo: a ratazana preta (Rattus rattus) e a ratazana castanha ou da Noruega (Rattus norvegicus). São animais comensais do homem e vivem exclusivamente de subsídios humanos.

O género *Mus* (rato) é um género de roedores da família Muridae. As espécies pertencentes a este género incluem o Mus Musculus (rato cinzento ou rato doméstico) e o *Mus Spretus* (rato selvagem). A identificação taxonómica permitiu caraterizar a espécie *Mus Musculus* . Estes pequenos mamíferos assemelham-se aos ratos do campo, género *Apodemus*, mas apenas os pormenores do crânio permitem diferenciá-los, bem como as variações na dentição. Têm um focinho pontiagudo, olhos pequenos e orelhas grandes. São omnívoros, mas preferem os cereais. Tal como as ratazanas, estes ratos são originários da Ásia. Graças à atividade humana, colonizaram o mundo inteiro. Encontramo-los onde quer que o homem viva, nas cidades ou no campo.

O género ***Crocidura*** é um grupo de insectívoros da família Soricidae. Este género de musaranhos tem um focinho pontiagudo prolongado por uma probóscide com dentes brancos, e inclui um grande número de espécies conhecidas como musaranhos ou crociduros, como o musaranho (*Crocidura russula*) e o musaranho de jardim *(Crocidura suaveolens)*. No nosso estudo, foi possível caraterizar a espécie *Crocidura russula*. A zona mediterrânica, com os seus matagais, charnecas e boas condições climáticas, é um local ideal para este musaranho. Noutros locais, frequenta uma grande variedade de biótopos, como florestas, prados, margens, sebes e margens de rios, desde que haja vegetação suficiente. Também gosta de edifícios de pedra seca **(Fons, 1984a; Genoud et Hutterer, 1990; Mardonald et Barrett, 1995; Lugon-Moulin, 2003; Oppliger, 2008).**

13©Foto: Musaranhos capturados na serra de Edough (BELBEL.F)

Para além das espécies identificadas com certeza, encontrámos formas não identificadas (desconhecidas) nas secções transversais dos pêlos; é o caso, por exemplo, das formas **redondas (Sp 1), ovais (Sp 2)** e **oblongas (Sp 3) (Figura 25).** Estas formas, que se encontram em muitas amostras, podem indicar a presença de outros géneros taxonómicos específicos da região mediterrânica e que não figuram no atlas europeu dos pêlos de mamíferos. Mais uma vez, é evidente que os ambientes mediterrânicos são propícios a um elevado nível de biodiversidade devido ao mosaico de habitats que oferecem;É o caso, por exemplo, da ratazana listrada da Barbária do género *Lemniscomys*, que não aparece no atlas de Debrot, mas cuja existência foi confirmada no norte da Argélia (**Bensidhoum, 2010; Mallil, 2012; Ikhlef e Boughedda, 2018**) e em Marrocos (**Denys et al, 2015**). O gerbo-do-campo, outro roedor do género *Dipodillus* encontrado em Marrocos e no Sara, também não figura no catálogo de Debrot, mas a sua caraterização foi estabelecida com base nos pêlos e, sobretudo, nos ossos (**Denys et al, 2015**). O furão é um roedor do género *Eliomys* que também foi identificado no norte da Argélia (**Bensidhoum, 2010; Mallil, 2012**)

Para os insectívoros, conseguimos identificar *Crocidura russula* com certeza. **Ahmim (2019)** registou a presença de 5 espécies de musaranho na Argélia: *Crocidura russula, Crocidura whitakeri, Crocidura pachyura Crocidura cossyrensis, e Suncus etruscus,* Cros, Outros insectívoros foram descritos na Argélia, mas não foram identificados como um item de presa do geneta comum, este é o caso do Pachyure do género *Suncus* no norte da Argélia (**Bensidhoum, 2010; Mallil, 2012; Ikhlef e Boughedda, 2018**).

Dos dois predadores, qual é o melhor amostrador da biodiversidade dos micro-mamíferos?

Globalmente, os nossos resultados mostram que as dietas dos dois predadores são muito diversificadas, uma diversidade que pode ser explicada pela heterogeneidade dos habitats mediterrânicos, que fornecem uma grande variedade de presas (**Di Castri, 1973, Raven, 1973**). Com 6 categorias de alimentos (grandes mamíferos, pequenos mamíferos do género *Apodemus*, aves, artrópodes, frutos e detritos), o lobo-dourado-africano é mais generalista, confirmando as conclusões de vários autores ao longo da sua área de distribuição, que descrevem uma vasta gama trófica composta por répteis, aves, roedores, mamíferos de diferentes tamanhos, um grande número de insectos e respectivas larvas, podendo mesmo matar ocasionalmente gazelas jovens ou presas de grande porte, principalmente javalis e ovelhas (**Lodé et al, 1991; Amroun et al., 2006; Eddine et al., 2017; Karssene et al., 2019**). No Senegal, o lobo-dourado foi observado a atacar rebanhos de cordeiros (**Gaubert et al., 2012**). No nosso caso, o único mamífero de pequeno porte consumido é *o Apodemus sylvaticus* e o único mamífero de grande porte consumido é o javali, que se encontra em alta densidade na região (**Boumendjel et al., 2016**). O lobo-dourado-africano alimenta-se provavelmente dos cadáveres de javalis caçados, uma vez que o período do nosso estudo coincide com a época de caça ao javali na região (**Zemiti, 2012**).

Eddine et al. (2017) mostraram que o javali era a presa mais importante na reserva de caça de Tlemcen, e que o javali adulto era provavelmente consumido principalmente como presa, devido às suas presas e ao seu comportamento agressivo **(Jedrzejewska e Jedrzejewski, 1998; Moehlman e Jhala, 2013)**.

A lontra comum é geralmente classificada por vários investigadores entre espécies especializadas, como a lontra europeia (*Lutra lutra* (Linnaeus 1758)) e espécies generalistas, como o texugo europeu *(Meles meles* (Linnaeus 1758)) **(Delibes et al, 1989; Lodé et al. 1991; Ruiz-Olmo e Lopez-Martin 1993; Carvhallo e Gomes 2003; San- chez et al. 2008; Le Jaques e Lodé 1989; Camp 2012; Amroun et al. 2014; Torre et al. 2013, 2015)**. Os nossos resultados também confirmam esta posição intermédia do geneta, que consome apenas 4 categorias (pequenos mamíferos, aves, artrópodes e frutos). O lobo-dourado-africano e a geneta são espécies generalistas, e esta caraterística dá-lhes a possibilidade de adotar diferentes estratégias alimentares e assim evitar a pressão competitiva, particularmente para as genetas, que são as mais vulneráveis a diferentes formas de competição interespecífica **(Caro e Stoner, 2003)**.

A sobreposição de nicho refere-se à partilha parcial ou total de recursos ou outros factores ecológicos (predadores, área de alimentação, tipo de solo, etc.) por duas ou mais espécies **(Cornell, 2011)**.

Durante o inverno, as dietas consistem principalmente em frutos e grandes mamíferos para o lobo-dourado-africano e em pequenos mamíferos e aves para o geneta-comum. Este compromisso na utilização dos recursos ambientais foi também observado entre estas mesmas espécies na Cabília (Argélia) por **Amroun et al. (2006)**. Este fenómeno pode ser explicado pelo tamanho dos mamíferos consumidos; o lobo-dourado-africano consome mamíferos de grande porte, inacessíveis à gineta, e que representam uma maior fonte de energia, como o gado. O seu espetro trófico pode também incluir pequenos mamíferos. A pressão da concorrência pode também ser reduzida pelo facto de tolerante à atividade humana e poder alimentar-se de resíduos humanos **(Eddine et al., 2017; Yirga et al., 2017)**. Esta grande capacidade de exploração de todos os recursos ambientais, incluindo os de origem antropogénica e "fáceis de adquirir", é menos evidente para a geneta, que parece ser mais vulnerável a qualquer alteração do ambiente, em particular à fragmentação ou deterioração dos ambientes florestais **(Gomes e Giraudoux, 1992; Gomes, 1993)**.

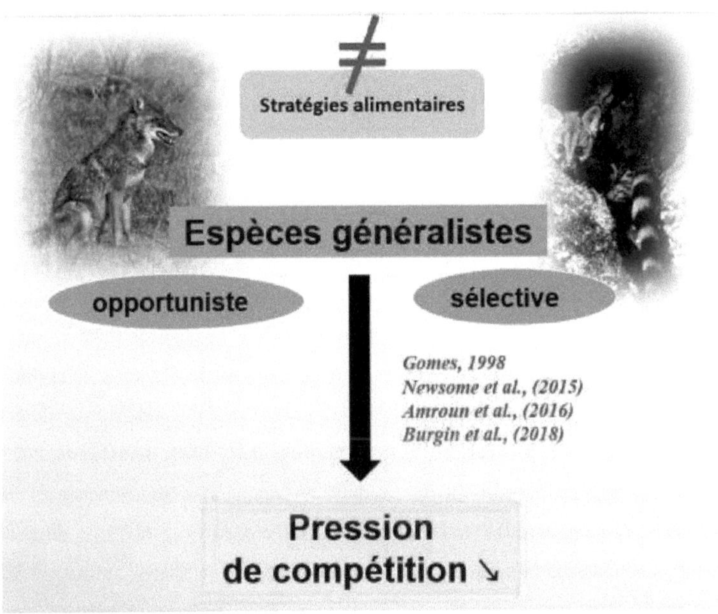

Figura 43: Diagrama que explica as estratégias alimentares do geneta comum e do lobo de longa distância.

Será que o *Canis anthus* regula realmente as populações naturais de pequenos mamíferos?

O lobo-dourado-africano é um predador que explora os recursos tróficos de acordo com a disponibilidade local e a sazonalidade **(Amroun *et al.*, 2014; Eddine *et al.*, 2017; Irzagh *et al.*, 2020)**. Neste estudo, examinámos o oportunismo trófico deste predador através do seu consumo de pequenos mamíferos na natureza e em ambientes onde os recursos tróficos são abundantes. Os resultados obtidos no meio natural são comparáveis aos descritos por **Boukheroufa et al (2020)**. Estes identificaram roedores na dieta da espécie e encontraram uma sobreposição parcial do nicho trófico com outro predador, o geneta comum, que é mais seletivo em relação aos pequenos mamíferos. Assim, o lobo ajusta a sua dieta baseando-se nas carcaças de javali, particularmente abundantes durante a época de caça prescrita, a fim de reduzir a competição interespecífica que poderia ser exercida sobre as populações de pequenos mamíferos **(Zemiti, 2012; Boumendjel *et al.*, 2016)**. Além disso, as carcaças de javali são presas facilmente acessíveis para *Canis anthus*, que não requer esforço energético para caçar, ao contrário dos pequenos mamíferos. Por outro lado, verifica-se que o predador não caça os pequenos mamíferos que enxameiam na lixeira, mas sim consome os resíduos orgânicos, permitindo ao animal poupar a sua energia e alocá-la a outras funções vitais. De acordo com **Khidas (1986)**, o lobo-dourado-africano utiliza dois métodos de forrageamento: por um lado, o consumo de recursos não caçados, mas sim por acaso ou por conhecimento local (no nosso caso, carcaças de javali, frutos, resíduos, etc.) e, por outro lado, a caça. O lobo-dourado-africano caça sozinho, em alcateias ou em grupos, presas de vários tamanhos **(Macdonald, 1983)**. Os autores referem que os pequenos mamíferos constituem a maior parte do seu espetro alimentar **(Maynard, 2015)**, enquanto outros referem uma tendência para presas maiores, principalmente javalis e ovelhas **(Amroun *et al.*, 2016; Boukheroufa *et al.*, 2020; Belbel *et al.*, 2022)**. No que diz respeito à presença de resíduos antropogénicos na alimentação dos predadores, **Yirga *et al* (2017)** mostraram uma relação positiva entre o lobo-dourado-africano, a abundância humana e a densidade de presas em paisagens antropogénicas depauperadas. Mas este comportamento trófico não é isento de consequências para o estado de saúde do predador **Yirga *et al* (2017)**. A perturbação da vida selvagem é um desses impactos e pode, em última análise, conduzir a grandes perturbações e afetar a saúde e a sobrevivência das espécies **(Xu et al., 2022).**

CONCLUSÃO
E
PERSPECTIVAS

V. CONCLUSÃO E PERSPECTIVAS

A estrutura das populações representa a principal forma de existência de todos os pequenos mamíferos e reflecte plenamente a resposta adaptativa às alterações do ambiente, incluindo as caraterísticas regionais da variabilidade intra e interespecífica. Os micromamíferos são, por conseguinte, instrumentos fundamentais para compreender as reacções em pequena escala às alterações ambientais e são excelentes bioindicadores da qualidade dos ambientes naturais. Este estatuto é reforçado pela sua posição trófica intermédia, dependente da vegetação e dos artrópodes para se alimentar e interagindo com outras espécies selvagens através da competição por recursos ou como fonte de presas.

No âmbito deste estudo, realizámos um trabalho taxonómico empírico com o objetivo de fornecer aos especialistas um documento de referência sobre a metodologia de tratamento e análise de restos ósseos e pêlos de pequenos mamíferos com vista à sua identificação taxonómica. O domínio desta metodologia permitirá, a prazo, realizar estudos de monitorização e melhorar o conhecimento da diversidade e da estrutura desta população numa zona florestal caracterizada por uma sucessão de espécies vegetais propícias a uma riqueza caraterística dos ambientes mediterrânicos.

Com base nestes resultados, seria interessante considerar as seguintes perspectivas:

- Efetuar uma análise genética com base nos pêlos para caraterizar outras espécies de micromamíferos que não constam do atlas europeu de identificação.
- Realizar estudos comparativos noutros ecossistemas com caraterísticas ecológicas diferentes, a fim de compreender melhor a diversidade e a dinâmica dos micromamíferos.
- Caracterizar a diversidade dos micromamíferos através do estudo da dieta de outras espécies simpátricas, como a raposa vermelha, a doninha e o mocho.
- Consolidar os dados de identificação pelo método direto, através da instalação de dispositivos de armadilhagem (armadilhas Shermann, armadilhas Fosse, etc.).

REFERÊNCIAS

VI. REFERÊNCIAS BIBLIOGRÁFICAS

1. Adamou-Djerbaoui, M., C. Denys, H. Chaba, M. M. Seid, Y. Djelaila, F. Labdelli, e M. S. Adamou. 2013. "É Tude Du R Égime a Limentaire D ' Un R Ongeur N Uisible (M Eriones Shawii D Uvernoy , 1842 , M Ammalia , R Odentia)." Lebanese Science Journal 14(1):15-32.
2. Adamou-Djerbaoui, Malika, Fatiha Labdelli, Yassine Djelaila, Karima Oulbachir, Mohamed Sofiane Adamou e Christian Denys. 2015. "Inventaire Des Rongeurs Dans La Région de Tiaret (Algérie)." Travaux de l'Institut Scientifique No. 8:105-12.
3. Ahaggar, De e Laurie Marker. n.d. "Inventários faunísticos do grupo de interesse sahelo-sahariano parte inventários faunísticos do grupo de interesse sahelo-sahariano parte 4: Maciço Central de l 'Ahaggar, Argélia Smithsonian." (dezembro de 2013).
4. Ahmim, M. (2019). Os mamíferos selvagens da Argélia: Distribuição e biologia da conservação. Les Éditions du Net.
5. Alden, P., Estes, R. D., Schlitter, D., & McBride, B. (1996). Field guide to African mammals. Houghton Mifflin Harcourt.
6. Alia, Zeid, Elamine Khachekhouch, Djilani Ghamem Amara, Nacereddine Tennech, Makhlouf Sekour e Karim Souttou. 2020. "Os danos causados por roedores nas culturas de Arachis Hypogaea e Sativum Sativum na região de Souf (Argélia)." PONTE Revista Internacional de Investigação Científica 762.
7. Amigues, S. (1999). As doninhas de Tartessos. Anthropozoologica 29: 55-64.
8. Amroun M, Bensidhoum M, Delattre P, GaubertP (2014). Hábitos de alimentação da geneta comum (Genetta genetta) na área de Djurdjura, norte da Argélia. Mammalia, 78, 35-43.
9. Amroun M, Giraudoux P, Delattre P. A (2006). Estudo comparativo das dietas de dois carnívoros simpátricos - o chacal dourado (Canis aureus) e a geneta comum (Genetta genetta) - em Kabylie, Argélia. Mammalia,40, 247-254.
10. Anna Maria De Marinis, Alessandro Asprea "Hair identification key of wild and domestic ungulates from southern Europe," Wildlife Biology, 12(3), 305-320, (1 de setembro de 2006).
11. Auffray, Jean-Christophe, 1988 (Commensalism in the house mouse: origin, ecology and role in the chromosomal evolution of the species). Tese de doutoramento em Biologia das Populações e dos Ecossistemas, Universidade de Montpellier II, 170p.
12. Aulagnier S, Haffiner P, Mitchelljones AJ, Moutou F, Zima J (2008). Guide of Mammals in Europe, North Africa and the Middle East (Guia de Mamíferos na Europa, Norte de África e Médio Oriente). Delachaux-Niestlé, 271 p.
13. Aulagnier, S. (1992). Os grandes carnívoros do Norte de África: Extinção e conservação. African Wildlife Research, 23(4), 157-167.
14. Aulagnier, S., & G. B. (2010). Mamíferos: Diversidade e conservação. Museu Nacional de História Natural.
15. Aulagnier. Stéphane. Zoogeographie des Mammifères du Maroc (1992): de l'analyse spécifique à la typologie de peuplement à l'échelle régionale. Diss. Montpellier 2.
16. Bang, P., & Dahlström, P. (1991). Animal tracks and signs. Oxford University Press.
17. Bang, P., & Dahlström, P. (2001). *Animal Tracks and Signs*. Oxford University Press.
18. Barbault, R. (1994). Ecologia das populações e dos ecossistemas. Masson.
19. Barbault, R. (1995). Biodiversity, global change, and the trophic network. Springer-Verlag.

20. Barbault, R., & Dajoz, R. (1995). The population-environment system: Functional and evolutionary perspectives. Ecology Review, 15(2), 80-95.
21. BAZIZ B, (2002). Bioecologia e dieta de algumas aves de rapina em diferentes localidades da Argélia. Cas du Faucon crécerelle Falco tinnunculus Linné, 1758, de la Chouette effraie Tyto alba (Scopoli, 1759), de la Chouette hulotte Strix aluco Linné, 1758, de la Chouette chevêche Athene noctua (Scopoli, 1769), du Hibou moyen - duc Asio otus (Linné, 1758) et du Hibou grand - duc ascalaphe Bubo ascalaphus Savigny, 1809. Doutoramento de Estado em Ciências Agrárias, Inst. nati. agro, El Harrach, 499 p.
22. Bebba, Kaouther e Belkacem Baziz. 2011. "Micromamíferos no Vale do Oued Righ". Biodiversité Faunnistique En Zones Arides et Semi-Arides 235-39.
23. Beddiaf, Rahma. 2012. "Etude Du Régime Alimentaire de Deux Rapaces : Le Hibou Ascalaphe Bubo Ascalaphus (Savigny, 1809) et La Chouette Chevêche Athene Noctua (Scopoli, 1769) Dans La Région de Djanet (Tassili n'Ajjer, Algérie)." Memoire Ing. Agro, Uni. Kasdi Merbah, Ouargla 103.
24. Belbel F, Boukheroufa M, Sakraoui Rym, Abdelli M, Benotmane C H, Henada R L I, Sakraoui F (2022). O lobo dourado africano Canis anthus desempenha o papel de populações naturais de micromamíferos na cordilheira de Edough (nordeste da Argélia)? Jornal de zoologia de Uttar pradesh.43 (16) : 1 - 6.
25. Belbel, F., Boukheroufa, M., Benotmane, C., Sakraoui, R., Henada, L. I., & Sakraoui, F. (2022). Estratégia de Seleção de Presas de Pequenos Mamíferos pelo Geneta Comum Genetta Genetta entre Ambientes Naturais e Antropizados no Maciço Florestal de Edough (Nordeste da Argélia), Journal of Bioresource Management, 9 (4) : 9p
26. Bensidhoum M (2010). Estratégias de ocupação espacial e ecologia trófica da Genette Genetta genetta Linne,1758 na floresta de Darna, Djurdjura oriental, Argélia. Tizi Ouzou, Tese de Mestrado, Departamento de Biologia, Universidade Mouloud Mammeri de Tizi Ouzou, Argélia, 100 p.
27. Bernard, J., 1969. Mamíferos da Tunísia e regiões limítrofes. Bulletin de la Faculté d'Agronomie de Tunis, 24-25 : 40-160.
28. Bitam, I., J. Rolain, T. Kernif, B. Baziz, P. Parola, e D. Raoult. 2008. "Espécies de Bartonella detectadas em roedores e ouriços da Argélia". Microbiologia Clínica e Infeção 15:102-3.
29. Bossière, J., & al (1978). Caraterísticas geológicas da Península do Edough: Um estudo de cúpulas cristalinas. Boletim da Sociedade Geológica da Argélia, 19(2), 201-215.
30. Boukheroufa .M, 2009. Ecologie alimentaire de la genetta commune Genetta genetta dans un ecosysteme forestier du parc national d'El Kala (Nord Est Algérien)Mésogée : bulletin du Musée d'histoire naturelle de Marseille. Marselha: Musée d'histoire naturelle de Marseille, 1986. Imprimir.
31. Boukheroufa .M, 2018. Referência metodológica argelina REFMETAL Mamíferos.
32. Boukheroufa, M., Sakraoui, F., Belbel, F., & Sakraoui, R. (2020). Dieta de inverno da geneta comum, Genetta genetta (Carnivora, Viverridae), e do lobo dourado africano, Canis anthus (Carnivora, Canidae), em localidade altitudinal da Floresta Edough (nordeste da Argélia). Zoodiversity, 54(1), 67-74.
33. Boukheroufa. M. (2005). Ecologie alimentaire d ela genette commune Genetta genetta dans le parc national d'el Kala. Tese de mestrado. Universidade Badji Mokhtar Annaba. PP 85.

34. Boulanger, A (2018); Clé de détermination des proies des rapaces nocturnes des Hauts-de-France (Determinação das presas das aves de rapina nocturnas em Hauts-de-France).
35. Boumendjel, F., et al. (2016). Estudo da densidade do javali na região de Tlemcen. Revue Algérienne d'Écologie, 45(2), 89-97.
36. Boumendjel, F.Z , Hajji,G , Valqui,J & Bouslama,Z.(2016).The Hunting Trends of Wild Boar (Sus scrofa) Hunters in Northeastern Algeria, Wildl. Biol. Pract, 12(2): 1-14p.doi:10.2461/wbp.2016.12.9
37. Brahmi K, Ouelhadj A, Baziz B, Doumandji S (2014). Ecologia da dieta do genet comum em Bouzeguène moutains (Kabyly, Argélia). Jornal Científico Libanês, 15(1), 27-39.
38. Brito, J. C., Godinho, R., Martínez-Freiría, F., Pleguezuelos, J. M., Rebelo, H., Santos, X., Vale, C. G., Velo-Antón, G., & Boratyński, Z. (2009). O impacto da expansão das estradas e dos programas de controlo de predadores no lobo dourado (Canis anthus) no deserto do Saara. Jornal Africano de Ecologia, 47(3), 541-548.
39. Brito, J., S. Durant, N. Pettorelli, J. Newby, S. Canney, W. Algadafi, T. Rabeil, P. Crochet, J. Pleguezuelos, T. Wacher, K. de Smet, D. Gonçalves, M. da Silva, F. Martínez-Freiría, T. Abáigar, J. Campos, P. Comizzoli, S. Fahd, A. Fellous, H. Garba, D. Hamidou, A. Harouna, M. Hatcha, A. Nagy, T. Silva, A. Sow, C. Vale, Z. Boratyński, H. Rebelo, S. Carvalho. 2018. Conflitos armados e declínio da vida selvagem: Desafios e recomendações para uma política de conservação eficaz no Saara-Sahel. Conservation Letters, 11: 1-13.
40. Brunner, H & Coman, B.J. (1974). "A identificação dos pêlos dos mamíferos". Imprensa Inkata. Melbourne, Austrália,176.
41. Burgin, C.J., Colella, J.P., Kahn, P.L. & Upham, N.S. (2018). Quantas espécies de mamíferos existem? J. Mammal. 99: 1-14.
42. Caby, R., & al (2001). Geodynamic evolution of the Edough Peninsula. Jornal de Ciências da Terra de África, 32(3), 615-624.
43. Cadhla, F, Meera, B, Matthew, F, Simon.H, Williams, A, Matthew, J, Frye.C, Peter, S, Juliette, M, Conte, J , Joel, G, Nishit, B, Bohyun ,L, Xiaoyu, C, Phenix, L. Q, Ian, L. (2014). "Deteção de patógenos zoonóticos e caraterização de novos vírus transportados por Rattus Norvegicus comensal na cidade de Nova York". MBio 5(5):1-16.
44. Camp, J. (2012). Generalist and specialist predators in Europe: The case of the European otter and badger. Mammalian Ecology Journal, 18(1), 112-123.
45. Carleton, M.D., e Van der Straeten E., 1997. Morphological differentiation among Sub-Saharan and North-African populations of the Lemniscomys barbarus complex [Rodentia: Muridae]. Actas da Sociedade Biológica de Washington, 110: 640-680.
46. Caro, T., & Stoner, C. (2003). The impact of large predator loss on mesopredators and prey communities (O impacto da perda de grandes predadores em mesopredadores e comunidades de presas). Journal of Mammalogy, 84(4), 128-136.
47. Carvalho, J., & Gomes, P. (2004). Alimentação da geneta num ambiente urbano em Portugal. Revista de Ecologia Urbana, 2, 45-50.
48. Ceballos, G., & Ehrlich, P. R. (2009). Conservação global de mamíferos: Os desafios do século XXI. Journal of Mammalogy, 90(3), 509-518.
49. Chagas, Carolina Romeiro Fernandes, Irys Hany Lima Gonzalez, Samantha Mesquita Favoretto, e Patrícia Locosque Ramos. 2017. "Vigilância Parasitológica em uma Colônia de Ratos (Rattus Norvegicus) no Biotério do Zoológico de São Paulo." Anais de Parasitologia 63(4):291-97.

50. Chaline, J., Baudvin, H., Jammot, P & Saint-Girons, M. C. (1974). Les proies des rapaces. Doin, Paris.
51. Clutton-Brock, T. H., & Harvey, P. H. (1978). Primate ecology and social organization. Em J. G. Else & P. C. Lee (Eds.), Primate ecology: Studies of feeding and ranging behavior in lemurs, monkeys, and apes (pp. 135-148). Cambridge University Press (Reproduzido em Judas, 1986).
52. Corbet, G. B. (1966). The terrestrial mammals of Western Europe (Os mamíferos terrestres da Europa Ocidental). Oxford University Press.
53. Corbet, G. B. (1989). *The identification of prey items in carnivore scat: A review. Mammal Review*, 19(1), 49-58.
54. COUZI L., 2011 - Identificação dos pequenos mamíferos não voadores, Erinaceomorpha, Soricomorpha, Rodentia da Aquitânia. 24 p.
55. Croquet, C. (2005). Carnívoros do Norte de África: Distribuição histórica e conservação. Imprensa da Universidade de Montpellier.
56. Croquet, C. (2005). Estado de conservação e estratégias reprodutivas de pequenos carnívoros no Norte de África. Jornal Europeu de Investigação sobre a Vida Selvagem, 51(3), 172-181.
57. Cuvier, G. (1825). O reino animal distribuído segundo a sua organização. Imprensa de Deterville.
58. Dahiya, Tejpal. 2020. "Técnicas de gestão ecologicamente baseadas de pragas de roedores". (janeiro).
59. Dalerum, F., Cameron, E. Z., Kunkel, K., & Somers, M. J. (2009). Diversity and depletions in continental carnivore guilds: implications for prioritizing global carnivore conservation. Biology letters, 5(1), 35-38.
60. Dalhoum.R et al. (2018). "Lista Preliminar dos Mamíferos Terrestres da Região Mastouta-Bishshouk (Beja, Noroeste de La." 1-10.
61. Damange, J. P. (1999). Técnicas de análise e estudo da predação em carnívoros. Aplicação aos casos de Martes Foina e Mustela erminea. Diploma de estudo e de investigação. Univ.de Bourgogne. 41 p.
62. Davison, A., & al. (2002). *Non-invasive monitoring of micromammalian populations through predator diet analysis (Monitorização não invasiva de populações de micromamíferos através da análise da dieta de predadores). Conservation Biology*, 16(4), 988-997.
63. Day, M. G. (1966). Identification of haire and feather remains in the gut and faeces of stoats and weasels. J. Zool. Lond. 148: 201-217.
64. De Marinis, A. M., & Asprea, A. (2006). "Chave de identificação do pelo de ungulados selvagens e domésticos do sul da Europa". Wildlife Biology, 12(3), 305-320.
65. Debrot, S. Fivaz, G. Mermod, C. e Weber, J.M. (1982). Atlas des poils de Mammifère d'Europe. Inst. Zool. Univ. Neuchâtel. 208 p.
66. Delibes, M. (1974). Ecologia do geneta comum em Espanha. Mammalia, 38(3), 421-436.
67. Delibes, M. (1979). Nova subespécie de Genetta genetta da ilha de Ibiza. Journal of Mammalogy, 60(2), 321-324.
68. Delibes, Rodriguez A. e Parreno,F, (1989). Alimentação da geneta (Genette genetta) no Norte de África. Est, Biol. Donana, J. Zool, 218, 321-328.

69. De-Marinis, A. M, & Paolo, A. (1993). "Guia para a análise microscópica dos pêlos de mamíferos italianos: Insectivora, Rodentia e Lagomorpha". Revista Italiana de Zoologia 60.2. 225-232.
70. Denys, C, Stoetzel, E, Lalis, A, Nicolas,V , Delapre, A, Mataame ,A, Tifraouine, L , Rihane,A , EL Brini , Liefrid ,S Fahd,S ,Ouarour,A , Cherkaoui,A ,Fekhaoui,M , Benhoussa,A , EL Hassani, A e Benazzou, T .(2015). Inventaire des petits mammifères de milieux anthropisés et naturels du Maroc septentrional, Travaux de l'Institut Scientifique, Série Générale, 2015, N° 8, 113-126.
71. Denys, C. (2011). Roedores. In Paleontology and geology of Laetoli: Human evolution in context (pp. 15-53). Springer, Dordrecht.
72. Desmet, K. & Hamdine, W. (1988). Genet (Genetta genetta Linné, 1758) densities in Algerian yeuseraie. Mammalia, 52 (4): 604-607.
73. Drouilly, M., & al. (2018). *Monitoramento de populações de micromamíferos usando análise de dieta de predadores no manejo da conservação. Biodiversidade e Conservação*, 27(12), 3215-3230.
74. Dufour, S. (2012). Reviver o lobo africano Canis lupus lupaster no Norte e Oeste de África: uma linhagem mitocondrial com mais de 6.000 km de largura. PLoS ONE, 7: e42740.
75. Durant, S., M. Craft, R. Hilborn, S. Bashir, J. Hando, L. Thomas. 2011. Tendências de longo prazo na abundância de carnívoros usando amostragem à distância no Parque Nacional Serengeti, Tanzânia. Jornal de Ecologia Aplicada, 48: 1490-1500.
76. Eddine, A., N. Mostefai, K. de Smet, D. Klees, H. Ansorge, Y. Karssene, C. Nowak, P. van der Leer. 2017. Composição da dieta de uma espécie de Canídeo recentemente reconhecida, o lobo dourado africano (Canis anthus), no norte da Argélia. Annales Zoologici Fennici, 54: 347-356.
77. Éditions Delachaux et Niestlé, Lausanne, 304 p.
78. Edições Porte-Plumes, Ayer, 309 p.
79. Elbroch, M. (2003). *Mammal Tracks & Sign: A Guide to North American Species*. Stackpole Books.
80. Erome, G et Aulagnier, S.(1982) Cotributions à l'identification des preies de rapaces, Bievre ,4 :129-135.
81. Ewer, R. 1973. Carnivores. Ithaca: Cornell University Press.
82. Farhi, Y., K. Hani, M. L. Ahmat, K. E. Bambra, T. Radjah, K. Absi e K. Souttou. 2016. "Première Données Sur Le Comportement Trophique de La Chouette Effraie (Tyto Alba Scopoli , 1769) Dans La Région de Biskra (Sahara Septentrionale Algérien)." 13:113-20.
83. Fedriani, J. & Travaini, A. (2000). Atribuição de guildas tróficas de predadores: a importância do método de quantificação da dieta. Rev. Eclo (Vida na Terra). 55: 129-139.
84. Firth, Cadhla, Meera Bhat, Matthew A. Firth, Simon H. Williams, Matthew J. Frye, Peter Simmonds, Juliette M. Conte, James Ng, Joel Garcia, Nishit P. Bhuva, Bohyun Lee, Xiaoyu Che, Phenix Lan Quan e W. Ian Lipkin. 2014. "Deteção de patógenos zoonóticos e caraterização de novos vírus transportados por Rattus Norvegicus comensal na cidade de Nova York". MBio 5(5):1-16.
85. Fons R. (1984a) - O musaranho (Crocidura russula). In: A. Fayard (ed.): Atlas des mammifères sauvages de France. Sociedade Francesa para o Estudo e a Proteção dos Mamíferos, Paris, p. 42-43.

86. Fuller, T. K., & Roughton, R. D. (1989). A ecologia e a gestão dos lobos dourados (Canis anthus) no Norte de África. Em J. L. Gittleman (Ed.), Carnivore behavior, ecology, and evolution (Vol. 1, pp. 179-196). Cornell University Press.
87. Gasperetti, J., Harrison, D. L., Büttiker, W., & Nader, I. A. (1985). Mammals of Saudi Arabia, vol. 7: Carnivores of Arabia. Fauna of Saudi Arabia Publications.
88. Gaubert, P. (2009). Genets: Taxonomia, evolução e distribuição. Springer-Verlag.
89. Gaubert, P., Bloch, C., Benyacoub, S., Abdelhamid, A., Pagani, P., Djagoun, C.A.M.S., Couloux, A., & Genoud M. et Hutterer R. (1990) - Crocidura russula (Hermann, 1780) - Hausspitzmaus.
90. Gaubert, P., Godoy, J. A., Del Cerro, I., & Palomares, F. (2009). Early phases of a successful invasion: mitochondrial phylogeography of the common genet (Genetta genetta) within the Mediterranean Basin. Invasões biológicas, 11, 523-546.
91. Gomes, P., & Giraudoux, P. (1992). Estrutura da paisagem e habitat da Geneta (Genetta genetta, L.). XVth Colloque Francophone de Mammalogie: Les carnivores. 59-63.
92. Gomes, P.T. (1993). Uso do espaço por um mamífero carnívoro, Genetta genetta, L.: Importância da estrutura da paisagem. In: Proceeding IUGB XXI congress, 265-267.
93. Gutema, T. M, Atickem, A, Bekele, A. S. Z, Claudio, K, Mohammed, T, Diress, V, Vivek, V. Fashing, P. J, Zinner, D, Stenseth, N. C. (2018). "Competição entre taxa de lobo simpátrico: um exemplo envolvendo lobos africanos e etíopes". Revista Royal Society Open Science, vol 5, edição 5.
94. Hadj Zobir, A., & al. (2007). Caraterísticas geológicas e geomorfológicas do maciço de Edough. Jornal de Ciências da Terra, 12(4), 345-357.
95. Hadj Zobir, M. (2012). Análise das caraterísticas hidrográficas da península de Edough: uma drenagem dendrítica sob declive acentuado. Revue Algérienne de Sciences de la Terre, 20(1), 34-48.
96. Hadjoudj, Moussa, Karim Souttou, e Salaheddine Doumandji. 2015. "Diversidade e riqueza de comunidades de roedores em várias paisagens da área de Touggourt (sudeste da Argélia)." Ata Zoologica Bulgarica 67(3):415-20.
97. Haines, A., R. S. Kovats, D. Campbell-Lendrum e C. Corvalan. 2006. "Climate Change and Human Health: Impacts, Vulnerability and Public Health" [Alterações Climáticas e Saúde Humana: Impactos, Vulnerabilidade e Saúde Pública]. Public Health 120(7):585-96.
98. Haltenorth, T., & Diller, H. (1980). Mammals of Africa: A field guide. Collins.
99. Hamdine, W. (1991). Ecologia da geneta (Genetta genetta) no Parque Nacional de Djurdjura. Estação: Tala-Guilef. Tese de Mestrado, I. N. A. El-Harrach : 105 p
100. Hamdine, W., Thevenot, M., Sellami, M. e De Smet, K. (1993). The diet of the Genet (Genetta genetta Linné, 1758) in the Djurdjura National Park, Algeria. Mammalia, 57(1): 9 - 19.
101. Hamel, C., & al. (2022a). Análise da biodiversidade na região de Edough, Argélia. Revista de Estudos Ambientais, 14(1), 45-60.
102. Hamel, C., & al. (2022b). Survey of endemic and sub-endemic taxa in Algeria. Biodiversity Journal, 6(3), 100-115.
103. HANI, A, Djabri, L, Jacky, M. (1997). "Etude des caractéristiques physico-chimiques du massif cristallophyllien de Séraïdi (nordest Algérien)". Publicações da IAHS - Série de Actas e Relatórios - Associação Internacional de Ciências Hidrológicas, 241, 47-62.

104. Hani, A., & al (1995). Carte géologique des grands traits structuraux et colonne lithologique du massif de l'Edough. Mémoires de la Société Géologique de France, 172, 45-59.
105. Hani, A., & al (1997). Geography and ecology of the Edough massif in Algeria (Geografia e ecologia do maciço do Edough na Argélia). Revue Algérienne de Géographie, 15(3), 56-72.
106. Harrison, D. L. (1968). The mammals of Arabia (Os mamíferos da Arábia). Ernest Benn Limited.
107. Henschel, P, Hunter, L, Breitenmoser, U, Purchase, N, Packer, C, Khorozyan, I, Bauer, H, Marker, L, Sogbohossou, E, Breitenmoser, W. C. (2008). Panthera pardus. In: (IUCN (2011). "Lista Vermelha de Espécies Ameaçadas"). [arquivo]. www.iucnredlist.org
108. Hubert, B, Dominique, G, François, A. (1981). "Ciclo anual da dieta das três principais espécies de roedores (Rodentia; Gerbillidae e Muridae) de Bandia (Senegal)." Mammalia. 1-20.
109. Ikhlef.M & Boughedda.K. (2018). Contribution à l'étude du régime alimentaire et de l'occupation spatiale de la Genette (Genetta genetta L.1758) dans la région d'Ait Zellal (Mekla), Tizi-Ouzou. Tese de mestrado em ecologia animal, univ. Mouloud Mammeri, Tizi Ouzou, Argélia :51PP Anexo.
110. J. Niethammer e F. Krapp (eds.): Handbuch der Säugetiere Europas. Band 3/1, Insektenfresser-Insectivora / Herrentiere-Primates. Aula-Verlag, Wiesbaden, p. 429-452.
111. Jędrzejewska, B. & Jędrzejewski, W. (1998). Predação em comunidades de vertebrados: a floresta primitiva de Bialowieza como um estudo de caso. Estudos Ecológicos 135. 463 p.
112. Judas, J. (1986). Organização social e estratégia alimentar em carnívoros. Mammalia, 50(2), 183-198.
113. Judas, J. (1998). Ecologia e comportamento do lobo-dourado na Argélia. Mammalia, 62(2), 215-230.
114. Karim, Souttou, Sekour Makhlouf, Gouissem Kheira, e Hadjoudj Moussa. 2012. "PARÂMETROS ECOLÓGICOS DE ROEDORES PESQUISADOS NUM AMBIENTE SEMI-ÁRIDO EM DJELFA (ARGÉLIA)." 2:28-41.
115. Karssene Y., Chammem M., Li F., Eddine A., Hermann A., Nouira S.(2019). Variabilidade espacial e temporal na distribuição, atividade diária e dieta de fennec (Vulpes zerda), raposa vermelha (Vulpes vulpes) e lobo dourado africano (Caniss anthus) no sul da Tunísia. Mamm. Biol. 95: 41-50.
116. Khidas, K. (1986). Étude de l'organisation sociale et territoriale du chacal Canis aureus Wagner 1841, dans le Parc National du Djurdjura. Universidade de Ciências e Tecnologia de Argel, Argel.
117. Khidas, K. (1990). Biologia reprodutiva do lobo dourado (Canis anthus) no Norte de África. Journal of Zoology, 23(4), 345-358.
118. Khidas, K. (1998). Reprodução sazonal em lobos dourados: observações da Argélia. Jornal Africano de Zoologia, 29(1), 200-207.
119. Khidas, K. 1993. "Distribution Des Rongeurs En Kabylie Du Djurdjura (Algérie)." Mammalia 57(2):207-12.
120. Khidas, K. 1998. Distribuição e normas de seleção do habitat para os mamíferos terrestres da Kabylie do Djurdjura. Tese de doutoramento em Biologia. Univ. de Tizi-Ouzou, Tizi-Ouzou 235p.

121. Khidas, K., Nora Khammes, Samia Khelloufi, S. Lek, e S. Aulagnier. 2002a. "Abundância do rato-da-madeira Apodemus Sylvaticus e do rato-da-argélia Mus Spretus (Rodentia, Muridae) em diferentes habitats do Norte da Argélia". Mammalian Biology 67(1):34-41.
122. Khidas, K., Nora Khammes, Samia Khelloufi, S. Lek, e S. Aulagnier. 2002b. "Abundância do rato-da-madeira Apodemus Sylvaticus e do rato-da-argélia Mus Spretus (Rodentia, Muridae) em diferentes habitats do Norte da Argélia". Mammalian Biology.
123. Kingdon, J. (2010). The Kingdon field guide to African mammals (Guia de campo Kingdon para mamíferos africanos). A&C Black.
124. Klare, U. N. N., Kamler, J. F., Stenkewitz, U. T. E., & Macdonald, D. W. (2010). Dieta, seleção de presas e impacto da predação dos chacais de dorso negro na África do Sul. The Journal of Wildlife Management, 74(5), 1030-1041.
125. Kowalski, KAZIMIERZ e BARBARA Rzebik-Kowalska. 1991. "Mamíferos da Argélia". 353.
126. Krebs, C. J., & al. (2014). *Ecologia das populações de pequenos mamíferos: posicionamento estratégico nas teias alimentares. Population Ecology*, 56(1), 1-12.
127. Krebs, C. J., Cowcill, K., Boonstra, R., & Kenney, A. J. (2010). As mudanças nas culturas de bagas conduzem a flutuações populacionais em pequenos roedores no sudoeste do Yukon? Journal of Mammalogy, 91(2), 500-509.
128. LAREF, N., REZZAG-BEDIDA, R. A. N. I. A., BOUKHEROUFA, M., SAKRAOUI, R., HENADA, R. L. I., HADIBY, R., & SAKRAOUI, F. (2022). Diversidade e estatuto das borboletas diurnas (Lepidoptera: Rhopalocera) em diferentes associações de plantas do Maciço Florestal de Edough (Nordeste da Argélia). *Biodiversitas Journal of Biological Diversity, 23*(2).
129. Le Berre, M. (1990). Carnívoros do Sara e do Norte de África. Sociedade dos Amigos do Museu Nacional de História Natural.
130. Le Jacques D., Lodé T.(1994). L'alimentation de la Genette d'Europe, Genetta genetta L., 1758, dans un bocage de l'ouest de la France. Mammalia. 58 (3): 383-389.
131. Léger, F., & Ruette, S. (2010). Estratégias de reprodução em martas e genetas: uma comparação. European Mammal Biology, 25(3), 110 118.
132. Linnaeus, C. (1758). Systema Naturae per Regna Tria Naturae. Laurentii Salvii.
133. Livet, A., & Roeder, J. J. (1987). The reproductive biology of the common genet (Genetta genetta). Mammalia, 51(2), 178-184.
134. Livet, V., & Roeder, J. J. (1987). Distribution and habitat of the genet (Genetta genetta) in France. Mammalia, 51(4), 563-570.
135. Lodé, T. (1989). Dinâmica das relações tróficas de Mustela putorius e das suas presas: significado adaptativo das variabilidades interindividuais das estratégias de predação. Tese de doutoramento, Universidade de Rennes I. 235 p.
136. Lodé, T., Lechat, I., & Le Jacques, D. (1991). A dieta da geneta no limite noroeste da sua área de distribuição. Rev. Ecol. (Terre Vie). 46 : 339-348.
137. Lozé, I. (1984). Dieta e utilização do espaço na geneta (Genetta genetta). Doutoramento em biologia comportamental, Universidade de Paris VIII.
138. Lugon-Moulin N. (2003) - Musaranhos. Biologia, ecologia, distribuição na Suíça.
139. Macdonald, D. W. (1980). Patterns of scent marking with faeces among carnivore communities (Padrões de marcação de cheiro com fezes entre comunidades de carnívoros). Journal of Zoology, 192(4), 557-564.

140. Macdonald, D. W. (2006). The biology and conservation of wild canids. Oxford University Press.
141. Maizeret, C., & al. (1990). Habitat and behaviour of the genet in southern France. Revue de Mammalogie, 3(1), 91-99.
142. Makundi, Rhodes H. e Apia W. Massawe. 2011. "Gestão de roedores com base ecológica em África: potencial e desafios". Wildlife Research 38(7):588-95.
143. Mallil,K.(2012). Comparaison des caractéristiques du régime alimentaire et de l'occupation de l'espace de la Genette (Genetta genetta L.1758) (Genetta genetta L.1758) Genetta genetta L.1758) em deux milieux du Nord Algerien em deux milieux du Nord algérien algérien em deux milieux du Nord algérien algérien: Parcs Nationaux du Djurdjura et d'El: Parcs Nationaux du Djurdjura et d'El: Parcs Nationaux du Djurdjura et d'ElKala. Magisteren Ecologie et Biodiversité Animales des Ecosystèmes Continentaux , Université Mouloud Mammeri de Tizi-Ouzou ,172p
144. Mansour, A., Giraudoux, P., & Delattre, P. (2005). Estudo comparativo da dieta de dois carnívoros simpátricos - o jacal (Canis aureus) e o Genet (Genetta genetta) - em dois locais na Cabília, Argélia. Mammalia. pp. 1 - 32.
145. Mardonald ,D. e Barrett P. (1995) - Guide complet des mammifères de France et d'Europe.
146. Matschie, P. (1902). Die Säugetiere Deutschlands und ihre Stämme. Fischer Press.
147. Mazza, G., & Mori, E. (2023). Solitário, na noite, ele vai: resumo dos registos e expansão da área de distribuição do geneta comum em Itália. Mammalia, 87(1), 29-33.
148. McFarlane, Ro, Adrian Sleigh e Tony McMichael. 2012. "Synanthropy of Wild Mammals as a Determinant of Emerging Infectious Diseases in the Asian-Australasian Region." EcoHealth 9(1):24-35.
149. Mech, L.D., & Boitani, L. (2003). *Wolves: Behavior, Ecology, and Conservation (Lobos: Comportamento, Ecologia e Conservação)*. University of Chicago Press.
150. Meerburg, Bastiaan G., Grant R. Singleton e Aize Kijlstra. 2009. Rodent-Borne Diseases and Their Risks for Public Health Rodent-Borne Diseases and Their Risks for Public Health [Doenças transmitidas por roedores e seus riscos para a saúde pública]. Vol. 35.
151. Mills, L. S., & Knowlton, F. F. (1991). Coyote space use in relation to prey abundance. Canadian Journal of Zoology, 69(6), 1516-1521.
152. Mistrot, V. (2000). Os pequenos mamíferos, marcadores da antropização do ambiente. Études rurales, (153-154), 195-206.
153. Moehlman, P. 1987. Social organization in jackals: The complex social system of jackals allows the successful rearing of very dependent young. American Scientist, 75: 366-375.
154. Moehlman, P. D. & Jhala. Y. V. 2013. Chacal dourado (Canis aureus). - In: Kingdon. J. e Hoffman, M. Mammals of Africa, Bloomsbury, Londres, 5, 35-38.
155. Moehlman, P. D. (1987). Behavior and reproduction in the golden wolf (Comportamento e reprodução no lobo dourado). Animal Behaviour, 35(3), 1121-1130.
156. Moehlman, P. D., & Hayssen, V. (2018). Canis anthus: História de vida, ecologia e conservação. Smithsonian Contributions to Zoology, 48(2), 200-215.
157. Moehlman, P., V. Hayssen. 2018. Canis aureus (Carnívoro: Canidae). Espécies de Mamíferos, 50: 14-25.

158. Monat, S., & Pustoch, V. (2001). *Fórmula dentária e morfologia do musaranho (Soricidae): Implicações para a filogenia e ecologia*. Em *Mammalian Biology*, 66(1), 57-69.
159. Naves, J., Wiegand, T., Revilla, E., & Delibes, M. (2003). Espécies ameaçadas de extinção condicionadas por factores naturais e humanos: o caso dos ursos pardos no norte de Espanha. Conservation biology, 17(5), 1276-1289.
160. Nicolas, Violaine, Arame Ndiaye, Touria Benazzou, Karim Souttou, Arnaud Delapre e Christiane Denys. 2014. "Filogeografia do Dipodil do Norte de África (Rodentia: Muridae) com base em sequências de citocromo b". Journal of Mammalogy 95(2):241-53.
161. Obiegala A, Król N, Oltersdorf C, Nader J, Pfefer M. (2017). O ciclo de vida enzoótico de Borrelia burgdorferi (sensu lato) e rickettsiae transmitida por carrapatos: um estudo epidemiológico sobre pequenos mamíferos selvagens e seus carrapatos da Saxônia, Alemanha. Parasit Vectors. 10:115.
162. Oppliger, A. (2008). *Pequenos mamíferos como indicadores ambientais: O seu papel na saúde do ecossistema. Ecological Research*, 23(5), 943-952.
163. Oppliger, J. (2008) - Les micromammifères (Chiroptera, Insectivora et Rodentia) comme indicateurs de l'environnement au Tardiglaciaire et à l'Holocène : le cas du Moulin du Roc (Saint-Chamassy, Dordogne, France). Universidade de Genebra, Faculdade de Ciências, Secção de Biologia, 130 p. (não publicado) http ://archive-ouverte.unige.ch/unige :15809
164. Ordeñana MA, Crooks KR, Boydston EE, Fisher RN, Lyren LM, Siudyla S, Haas CD, Harris S, Hathaway SA, Turschak GM, Miles AK, Van Vuren DH (2010). Effects of urbanization on carnivore species distribution and richness, Journal of Mammalogy, 91(6): 1322-1331, http://www.bioone.org/doi/full/10.1644/09-MAMM-A-312.1
165. Oularbi, S., & Zeghiche, H. (2009). Impacto da precipitação na erosão na península de Edough. Bulletin de l'Institut Scientifique, 41(3), 89-97.
166. Palazón, S., & Rafart, E. (2010). Dieta de la gineta común Genetta genetta (Linnaeus, 1758) en los hábitats riparios de Navarra. Galemys, 22(2), 3-18.
167. Palomares, F., Rodríguez, A., Laffitte, R., & Delibes, M. (1991). O estatuto e distribuição do lince ibérico Felis pardina (Temminck) na área de Coto Donana, SW de Espanha. Biological Conservation, 57(2), 159-169.
168. Pianka, E. R. (1973). *A estrutura das comunidades de lagartos*. Em *Annual Review of Ecology and Systematics*, 4, 53-74.
169. Poché, R. M., & Ménard, N. (1987). Habitat preferences of golden wolves in Algeria (Preferências de habitat dos lobos dourados na Argélia). Wildlife Journal, 21(3), 275-287.
170. Pringle, J. A. (1977). The carnivores of southern Africa. Purnell Publishing.
171. Purchart, L, Suchomel, J, Ladislav, Šipoš, J, Dokulilová, M, C, Heroldová, M, Cepelka, L. (2020). "Efeito dos roedores na regeneração florestal em cortes". Conferência: FUTURO DAS FLORESTAS: Consequências da calamidade do escaravelho da casca para o futuro da silvicultura na Europa Central. Jihlava
172. Purchart, Lubos e Josef Suchomel. 2020. "Efeito dos roedores na regeneração florestal em cortes". (abril):2-3.
173. Quéré, J. P. (1993). *Taxonomic keys for the identification of micromammal remains from predator faeces. Mammalia*, 57(1), 21-31.

174. Rabiee, Mohammad Hasan, Ahmad Mahmoudi, Roohollah Siahsarvie, Boris Kryštufek e Ehsan Mostafavi. 2018. "Doenças transmitidas por roedores e sua importância para a saúde pública no Irã". PLoS Neglected Tropical Diseases 12(4):1-20.

175. Radford, J., & al. (2011). Biodiversidade vegetal no maciço do Edough. Flora Mediterranea, 21, 15-30.

176. Raven, P. H. (1963a). A posição genérica de "Boisduvalia iasmanica Aliso 5; 247-249. . 1963". Relações anfitropicais nas floras da América do Norte e do Sul. Quart. Rev. Biol. 38: 15.

177. Reinthal, P. N. (1990). *Trophic structure and resource use in lizard communities: A test of Pianka's niche overlap model*. Em *Ecology*, 71(3), 881-887.

178. Reshamwala, H. S, Shrotriya, S. Bora, Bhaskar, L, Salvador, D. R, Habib, B. (2018). "Os subsídios alimentares antropogénicos alteram o padrão de dieta e ocorrência da raposa vermelha em Trans-Himalayas, Índia". Journal of Arid Environments, vol 150, número 5, p 15-20.

179. riagno, J. (1985). O habitat da geneta em França. Cahiers de la Société Française d'Écologie, 10(2), 23-35.

180. Rigaux P. & Dupasquier C. (2012). Chave de identificação "na mão" dos pequenos mamíferos da França metropolitana. Société Française pour l'Étude et la Protection des Mammifères d'Alsace: 56 p.

181. Ritto, J. C, Durant, N, Pettorelli, J, Newby, S, Canney, W, Algadafi, T, Rabeil, P, Crochet, J, Pleguezuelos, T, Wacher, K, De-Smet, D, Gonçalves, M, Da-Silva, F, Martínez-Freiría, T, Abáigar, J, Campos, P, Comizzoli, S, Fahd, A, Fellous, H, Garba, D, Hamidou, A, Harouna, M, Hatcha, A, Nagy, T, Silva, A, Sow, C, Vale, Z, Boratyński, H, Rebelo, S. Carvalho (2018). "Conflitos armados e declínio da vida selvagem: desafios e recomendações para uma política de conservação eficaz no Saara-Sahel".Conservation Letters, 11: 1-13.

182. Roberts, P. D., Somers, M. J., White, R. M., & Nel, J. (2007). Diet of the South African large-spotted genet Genetta tigrina (Carnivora, Viverridae) in a coastal dune forest.

183. Roeder, J. J. (1980). Study on the defecation sites of Genetta genetta in rocky environments. Mammalia, 44(3), 343-350.

184. Rolland, M. (2008). *Caracterização das espécies de pequenos mamíferos: estudo dos unicupsídeos e da sua variação. Journal of Mammalogy*, 89(2), 123-130.

185. Rolland,C. (2008). Clé des micromammifères de Rhône-Alpes Identification à partir des restes osseux contenus dans les pelotes de réjection des rapaces, 54p

186. Rosalino, L., & Santos-Reis, M. (2002). Habitat e dieta da gineta em Portugal. European Journal of Wildlife Research, 48(1), 25-30.

187. Rueness, E. K., Asmyhr, M. G., Sillero-Zubiri, C., Macdonald, D. W., Bekele, A., Atickem, A., & Stenseth, N. C. (2011). O lobo africano críptico: Canis aureus lupaster não é um chacal dourado e não é endémico do Egito. PLoS One, 6(1), e16385.

188. Ruiz-Olmo, J. & Lopez-Martin, J.M. (1993). Nota sobre a dieta da geneta comum (Genetta genetta L.) em habitats ribeirinhos mediterrânicos do nordeste de Espanha. Mammalia, 57: 607-610.

189. Sadler, J. P. (2012). *Ciclos reprodutivos em pequenos mamíferos: padrões sazonais e influências ambientais. Jornal de Biologia dos Mamíferos*, 77(3), 234-246

190. Sanchez, M. & Rodrigues, P. (2008). Hábitos alimentares da geneta Genetta genetta numa zona húmida continental ibérica. Hystrix (It. J. Mamm.), 19: 133-142.

191. Sari, A., & Arpacik, A. (2018). Chave de identificação morfológica de pêlos de mamíferos comuns na Turquia. *Ecologia Aplicada e Investigação Ambiental, 16*(4), 4593-4603.
192. Schlawe, L. (1980). A review of the genus Genetta in Africa. Jornal Africano de Zoologia, 15(3), 180-198.
193. Schlawe, L. (1981). Ecology of North African carnivores. African Wildlife Press.
194. Schlawe, L. (1981). A taxonomia dos viverrídeos africanos: Foco em Genetta. Mammalia Africana, 14(2), 205-215.
195. Science, N. (2009). "Publicações especiais. IEEE Spectrum (Vol. 13, Número 4).
196. Souret L. & Riols C. (2018) Étude du régime alimentaire de la Genette commune (Genetta genetta) et de sa répartition en région Sud - Provence-Alpes-Côte d'Azur. Publicação Faune PACA, n° 79 : 53 p.
197. Souret, G., & Riols, F. (2018). Alimentação de genetas nas florestas francesas. Journal of Mammalogy, 99(3), 784-790.
198. Spitz, F. (1963). Amostragem de populações de pequenos mamíferos. Revue d'Écologie (La Terre et La Vie), 17(2), 203-237.
199. Storch, I., Lindstrom, E. & De Jounge, J. (1990). - Dieta e seleção de habitat da marta do pinheiro em relação à competição com a raposa vermelha. Ata Theriol, 35: 311-320
200. Stoyanov, S. (2020). Variabilidade craniana e diferenciação entre chacais dourados (Canis aureus) na Europa, Ásia Menor e África. ZooKeys, 917, 141.
201. T, Aalbu, R, Adlard, R, Adriaenssens, E. M, Aedo, C, Aescht, E, Akkari, N, Alexander, S (2022). Lista de verificação do Catálogo da Vida (versão 2022-12-19). Catálogo da Vida. https://doi.org/10.48580/dfqt Genetta G.Cuvier, 1816 Publicado em: Règne Anim. vol. 1 p. 156
202. Tamnling, T., & al. (2012). *Interações predador-presa e suas implicações para a monitorização de micromamíferos. Indicadores Ecológicos*, 13(1), 104-110.
203. Tanguy, A., & Gourdain, P. (2011). Guide méthodologique pour les inventaires faunistiques des espèces métropolitaines terrestres (volet 2)-Atlas de la Biodiversité dans les Communes (ABC). Muséum National d'Histoire Naturelle, Ministère de l'Écologie, du Développement durable, des Transports et du Logement.Teshome, Z., & Girmay, T. (2015). changing world". Jornal internacional de investigação atual, Etiópia.
204. Teshome, Z., & Girmay, T (2015). "Ectoparasitas de pequenos mamíferos: ECTOPARASITAS DE PEQUENOS MAMÍFEROS: ecologia, infeção e gestão no mundo em mudança. "Jornal Internacional de Investigação Atual. Departamento de Biologia, Universidade de Adigrat, Caixa Postal, 50, Adigrat, Etiópia.
205. Thomas, O. (1902). Descrições de novas espécies de mamíferos das Ilhas Baleares. Actas da Sociedade Zoológica de Londres, 1902, 105-110.
206. Torre I, Arrizabalaga A, Freixas L, Ribas C, Flaquer M, Diaz P (2013). Usando scats de um carnívoro generalista como uma ferramenta para monitorar comunidades de pequenos mamíferos em habitats mediterrânicos. Basic and appliedecology,14, 155-164.
207. Torre, I, Arrizabalaga, A , Ribas ,A.(2015).A dieta da geneta (Genetta genetta Linnaeus, 1758) como fonte de informação sobre as comunidades locais de pequenos mamíferos, Galemys, 27: 1-6. DOI: 10.7325/Galemys.2015.N4
208. Torre, I., & al. (2013). Dados dietéticos sobre o Genet em Espanha. Ecología de la Fauna, 18, 30-35.

209. Torres, R. T., & al. (2013). *Diversidade e abundância de pequenos mamíferos inferidas a partir de dietas de predadores. Journal of Zoology*, 289(1), 42-48.
210. Toubal, A. (2013). Impacto do uso do solo na pedogénese em florestas de Edough. Journal des Sciences de la Terre, 31(4), 317-328.
211. Toubal, A., & al. (2014). Estudo ecológico da planície húmida de Guerbès Senhadja: um sítio Ramsar na Argélia. Jornal de Ecologia e Conservação, 32(2), 102-112.
212. Toubal, A., & Boumaza, A. (1989). Caraterísticas dos solos castanhos e lixiviados das florestas do Edough. Revue de l'Institut National Agronomique, 24(2), 45-58.
213. Toubal, O, Boussehaba, A, Toubal, A, Samraoui, B. (2014). "Biodiversidade mediterrânica e alterações globais: o caso do complexo de zonas húmidas Guerbès-Senhadja (Argélia)". Physio-Geo. Geografia física e meio ambiente, Vol 8, 273-295.Purchart,
214. Tristão, A. (1960). A distribuição de Genetta genetta no Norte de África. In Kowalski, K., & Rzebik-Kowalski, B. (1991), Fauna of Algeria: A parasitological perspective (pp. 145-153). Imprensa da Academia Polaca de Ciências.
215. Tupinier.Y, 1973 morphologie des poils des chiroptres de l'Europe occidentalepar étude de microscope electroniqueà balyage. Revue suisse zool.80 : 635 - 653.
216. Un site enchanteur en péril [arquivo], em Djazairess (acedido em 09/01/2023). https://www.djazairess.com/fr/liberte/101083 Acedido em 09/01/2023.
217. Véla, E., & Benhouhou, S. (2007). Hotspots de biodiversidade na Argélia: Kabylie - Numidie-Kroumirie. Jornal da Conservação da Biodiversidade, 12(4), 123-135.
218. Vincent, E. (2000). *Micromamíferos como indicadores da qualidade do ecossistema e da disponibilidade de recursos. Conservation Ecology*, 14(2), 221-230.
219. Vingada, J., & al. (1993). Dinâmica da dieta do Geneta em Portugal. Mammalian Biology, 58, 319-325.
220. Virgos, E., & al. (1996). Dieta da geneta em Espanha rural. Revista Espanhola de Ecologia, 10, 42-50.
221. Virgos, E., & al. (1999). Variabilidade sazonal da dieta de Genet em Espanha. Journal of Mammalogy, 80(4), 1030-1040.
222. Virgos, E., & Casanova, J. (1997). Preferências de habitat do geneta comum em ecossistemas mediterrânicos. Wildlife Biology, 3(2), 127-134.
223. Wacher, T., De Smet, K., Belbachir, F., Belbachir-Bazi, A., Fellous, A., Belghoul, M., & Marker, L. (2005). Inventários da fauna do grupo de interesse sahélo-sahariano. Massif central de l'Ahaggar, Argélia (março de 2005). iv+ 40 p.
224. Widdows. Craig, D. Roberts, Peter. D.Maddock, Anthony. H. Carvalho, Filipe. Gaubert, Philippe San, Emmanuel Do Linh, 2016. Genetta tigrina - Geneta do Cabo. Revista da Lista Vermelha de Mamíferos da África do Sul, Suazilândia e Lesoto. P1-6.
225. Wilson, D.E, Reeder, D.M.(2005) Mammal Species of the World: A Taxonomic and Geographic Reference. JHU Press. 1426 p.
226. Wilson, E. O., & Reeders, A. (1993). Mammalian predators as indicators of ecosystem health. Biological Conservation, 64(1), 45-58.
227. Winemiller, K. O., & Polis, G. A. (1996). *Food webs: Integration of patterns and dynamics.* Chapman & Hall.
228. Winemiller, K. O., & Polis, G. A. (1996). *Food webs: Integration of patterns and dynamics. Annual Review of Ecology and Systematics*, 27, 311-338.
229. Yahi, A., & al. (2012). Flora e fauna do maciço de Edough. Investigação ecológica na Argélia, 10, 77-88.

230. Yalden, D., M. Largen, D. Kock, J. Hillman. 1996. Catalogue of the mammals of Ethiopia and Eritrea. 7. Revised checklist, zoogeography and conservation. Tropical Zoology, 9: 73-164.
231. Zemiti, B. (2012). Conhece o período de caça e o estado fenológico dos nossos animais de caça? [Conhece o período de caça e o estado fenológico dos nossos animais de caça? Bulletin d'information et de vulgarisation (La lettre cynégétique). Centro Cinogenético de Zéralda. Algiers.

Printed by Books on Demand GmbH, Norderstedt / Germany